RODENSTOCK

HOW WE SEE THE WORLD

Die Geschichte des besseren Sehens

teNeues

INHALT

EDITORIAL

Liebe Leserinnen, liebe Leser,

aus gemachter Erfahrung, solidem Wissen, einer steten Neugier und einer guten Portion Mut zur Veränderung können Fortschritt und umwälzende Veränderungen entstehen. In 2017 feiert Rodenstock sein 140-jähriges Bestehen. Als einzige Marke der Augenoptik kann Rodenstock dem Brillenträger das perfekte Zusammenspiel aus Brillengläsern und -gestellen und damit das Gesamtsystem „Brille" aus einer Hand anbieten. Wir beschäftigen weltweit rund 4500 Mitarbeiter und sind in mehr als 85 Ländern vertreten. Unser Firmensitz ist traditionell München, an insgesamt 15 weiteren Standorten in 13 Ländern unterhalten wir Produktionsstätten für Brillengläser.

Jubiläen sind für ein Unternehmen immer auch eine Einladung, den Blick auf das Geleistete zu richten, auf das gemeinsam Erlebte. Sie sind darüber hinaus aber immer auch Standortbestimmung auf einem Weg, der stetig weiterführt. Nicht stehen bleiben und Positionen finden, von denen aus wir visionärer sein können als andere, ist bei Rodenstock in der DNA verankert.

Firmengründer Josef Rodenstock war im besten Sinne ein „Getriebener": „Ich wollte auf nur immer mögliche Weise mein Wissen erweitern", sagte er einmal. Weil der Familie für eine Schul- und Universitätsausbildung des jungen Mannes das Geld fehlte, musste sich Josef Rodenstock im Selbststudium den Weg zum Wissen bahnen. So fand er heraus: „Fehlsichtigkeit ist keine Krankheit, sondern kann ganz einfach behoben werden, wenn man das System des Sehens in seiner Gesamtheit versteht." Die Erfindung der ersten gefassten Brille und die Gründung des Unternehmens Rodenstock waren für ihn eine geradezu zwingende Schlussfolgerung.

140 Jahre und tausende Patente später steht Rodenstock wie eh und je für das „System des Sehens in seiner Gesamtheit" und für die Leidenschaft, dieses mit viel Kreativität, Innovationen und einem ausgeprägten Gespür für die Kundenbedürfnisse und den Zeitgeist immer weiter zu entwickeln. Das Buch, das Sie in den Händen halten, möchte Sie nun mitnehmen auf eine unterhaltsame Reise durch die Geschichte des Sehens und damit verbunden hinter die Kulissen des deutschen Traditionsunternehmens Rodenstock.

Eines wird Ihnen beim Durchblättern des Buchs auffallen: Herkunft und Zukunft sind in unserem Unternehmen in allen Phasen der Unternehmensgeschichte stets Hand in Hand gegangen. So lebt das Erbe Josef Rodenstocks in unserer Leidenschaft für Innovationen fort. Damals wie heute ist es die Summe vieler innovativer Details, die eine Brille von Rodenstock einzigartig macht.

Viel Spaß beim Lesen und Entdecken von *How We See the World* wünscht Ihnen Ihr

Oliver Kastalio, CEO Rodenstock GmbH

Kapitel 1

FIRST VIEW

Durchblick – ein Menschheitstraum

Die Erfindung der Sonnenbrille können sich wohl die lebensschlauen Inuits als Kerbe in ihr Messer schnitzen. Denn sie waren es, die einst einen winzigen Spalt in einen Knochen oder ein Stück Holz schnitten und sich dieses Konstrukt vor die Augen banden – fertig war der Sonnenschutz im gleißenden Polarschnee.

Solche Findigkeit macht zweierlei deutlich: Zum einen gibt es ein Urbedürfnis des Menschen nach angenehmem Sehen in allen Lebenslagen. Zum anderen sind der Fantasie keine Grenzen gesetzt, wenn es darum geht, auf innovative Weise gutes Sehen und gutes Aussehen miteinander zu verbinden.

AUFBRUCH IN DER ANTIKE: GLOBALE GEISTESBLITZE MIT GLAS

Die Geschichte der Brille ist immer auch ein Stück Weltgeschichte, die sich rund um den Globus und in allen Kulturkreisen abspielt. Schon vor rund 5000 Jahren hatten sich die alten Ägypter auf erste Techniken der Glasherstellung verstanden. Aus China sind etwa 2000 Jahre alte Berichte von Sehhilfen überliefert. Chronisten berichten von einem speziellen Quarz, den die frühen Optiker wegen seiner charakteristischen Färbung „Teestein“ nannten.

LINKS: Teestein – ein fernöstlicher Vorläufer der Sonnenbrille

Glas an sich war schon früh in den Fokus der Entwickler gerückt. Im antiken Mesopotamien gehörte dessen Herstellung zum Herrschaftswissen. Um 650 vor Christus ließ der assyrische König Ashurbanipal das Rezept in Keilschrift auf einer Tontafel für die höfische Bibliothek festhalten: „Nimm 60 Teile Sand, 180 Teile Asche aus Meerespflanzen, 5 Teile Kreide – und du erhältst Glas." Offenbar ahnte er, dass er damit einer großen Sache auf der Spur war: Sand, Pottasche und Soda sind bis heute die Ingredienzen für mineralisches Glas. Die Lichtbündelung faszinierte auch den griechischen Mathematiker und Physiker Archimedes (287-212 v.Chr.). Mit seinem Brennspiegel, so die Legende, habe er römische Schiffe vor Syrakus in Brand gesetzt und die Belagerung der Stadt beendet.

Ein paar Jahrhunderte später berichtete Seneca von „der vergrößernden Wirkung einer wassergefüllten Glaskugel". Zur selben Zeit notierte Plinius, dass der berüchtigte römische Kaiser Nero (37-68 n.Chr.) einen Smaragd genutzt hätte, um sich dadurch Gladiatorenkämpfe anzuschauen. Auch der Mathematiker und Astronom Ptolemäus hatte schon im 2. Jahrhundert das Prinzip der Vergrößerung gekannt, wusste aber seine Erkenntnisse nicht umzusetzen, weil ihm dazu schlichtweg die geeigneten Linsen fehlten.

OBEN: Brillenmacher und Brillenträger von Johannes Stradanus

BRILLE OHNE „URKNALL". DAS HENNE-EI-DILEMMA.

Wer war zuerst da? Die Henne oder das Ei? Die Erfindung der Brille auf den einen, entscheidenden „Urknall" zurückzuführen, fällt schwer. Das Sehen hatte die Menschen, Forschung und Wissenschaft eben schon immer in unterschiedlichsten Ausprägungen beschäftigt. Erstmals systematisch schien der Araber Ibn al-Haytham (965-1039 n. Chr.) die Lehren des Sehens, der Refraktion und der Reflexion auf den Punkt gebracht zu haben. Ist er also eine Art „Ur-Vater" der Brille? Immerhin formulierte er in seinem Buch „Der Schatz der Optik" erstmals umfassende Überlegungen, das Auge mit Hilfe einer geschliffenen, optischen Linse zu unterstützen.

Und doch brauchte es noch eine Vielzahl von „trial & error" bis sich das Prinzip Brille als Lese- und Lebenshilfe Bahn brechen konnte. Der „Lesestein" gehört dabei zweifellos zu den bemerkenswerten Anfängen. Er stammte aus mittelalterlichen Werkstätten, in denen Quarze, Bergkristalle und Edelsteine geschliffen wurden, um damit Schreine, Kreuze und Reliquien zu verzieren. Per Zufall entdeckten Handwerker den Vergrößerungseffekt und nutzten diese „Lupen" gerne für die Betrachtung kleiner Reliquien oder Schriften.

RECHTS: Klassischer Lesestein

Die Brille.
Kurzgefaßte Zusammenstellung
des Wissenswerthesten über Brillen, deren Wirkung und
richtige Beschaffenheit; wann
und
wie sie in den einzelnen
Nebst
Pflege
Augen.
Mit besonderer
Josef
Leiter der optisch-oculistischen Anstalt
München.
Verlag von Karl Diepolder's Buchhandlung.
1890.

STEIN DER WEISEN – DAS GLAS IM GESTELL

Was die Hersteller und die Benutzer schon immer fundamental interessierte, war die Positionierung und Fixierung von Sehhilfen vor dem Auge. Lesesteine erwiesen sich in der Handhabung und für den Lesefluss als suboptimal. Sich stattdessen das gestielte Einglas vor das Auge zu halten, war da schon ein erheblicher Fortschritt.

Den entscheidenden Schritt zur Brille markierte jedoch erst die **Nietbrille**, die zwei Gläser miteinander verband. Bis ins 16. Jahrhundert waren diese vor die Augen gehaltenen Fassungen unter Gelehrten und in höfischen Kreisen so etwas wie „der letzte Schrei".

Die Gläser ohne beweglichen Steg zusammenzuhalten, ist der historische Verdienst der **Bügelbrille**. Seit dem 15. Jahrhundert verarbeiteten die Brillenmacher verschiedene Materialien wie Holz, Horn, Leder oder Fischbein zu haltbaren, festen Nasenbügeln. Wer im 16. Jahrhundert etwas auf sich hielt, griff ganz exklusiv zu den noch bequemeren und elastischeren **Lederbrillen**. Sie waren weniger bruchgefährdet und saßen komfortabler auf der Nase als die sperrigen Holzgestelle. Anfangs mussten auch diese noch mit der Hand vor die Augen gehalten werden.

Für mehr Lesekomfort sorgten dann die **Mützenbrillen**, die mit einem Band an der Kopfbedeckung fixiert wurden. Ob so oder so: Die Brille war im 16. Jahrhundert alles andere als eine Massenware, sondern vielmehr ein echtes Luxusprodukt, so wertvoll, dass es eigens in Inventaren aufgelistet und vererbt wurde.

EDEL: VOM BERYLL ZUR BRILLE

Zur Brille war es nach den ersten Versuchen in den optischen Handwerksstuben nur noch ein relativ kurzer Gedankensprung. Gesichert ist allerdings nur die Erkenntnis, dass sich der Begriff „Brille“ an dem Halbedelstein Beryll anlehnt. In geschliffener Form wurde der Kristall bereits zu Beginn des 13. Jahrhunderts in Form von Lesesteinen als einfache Linse benutzt, bis man Glas ohne Bläschen herstellen konnte.

LINKS: Nietbrille – Gemälde von Friedrich Herlin
RECHTS: Ungeschliffener Beryll

DURCHBLICK FÜR (FAST) ALLE

Erschwinglicher wurden Brillen erst durch verbesserte Fertigungsmethoden. Einen Meilenstein setzte dabei die Erfindung einer Drahtformmaschine im Jahr 1640. Die Fassungen der Drahtbrillen waren so flexibel, dass man sie vorne auf die Nase klemmen konnte und so einen umfassenden Durchblick erhielt. Bis ins 19. Jahrhundert erfreuten sich die „Nasenquetscher“ gerade beim einfachen Volk großer Beliebtheit. Sie waren verhältnismäßig günstig, ließen allerdings zumeist auch qualitativ zu wünschen übrig.

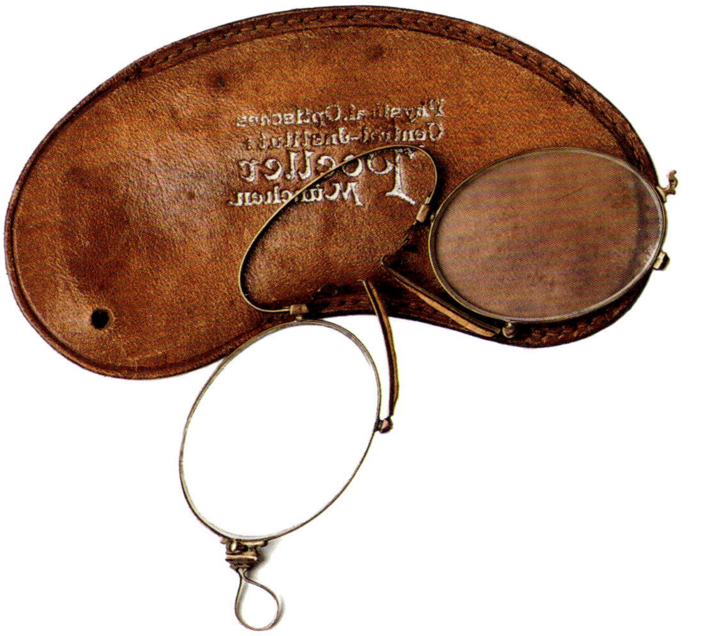

Glasklemmer aus dem 19. Jahrhundert

GLASKLEMMER

Sportform, Stege mit Kork

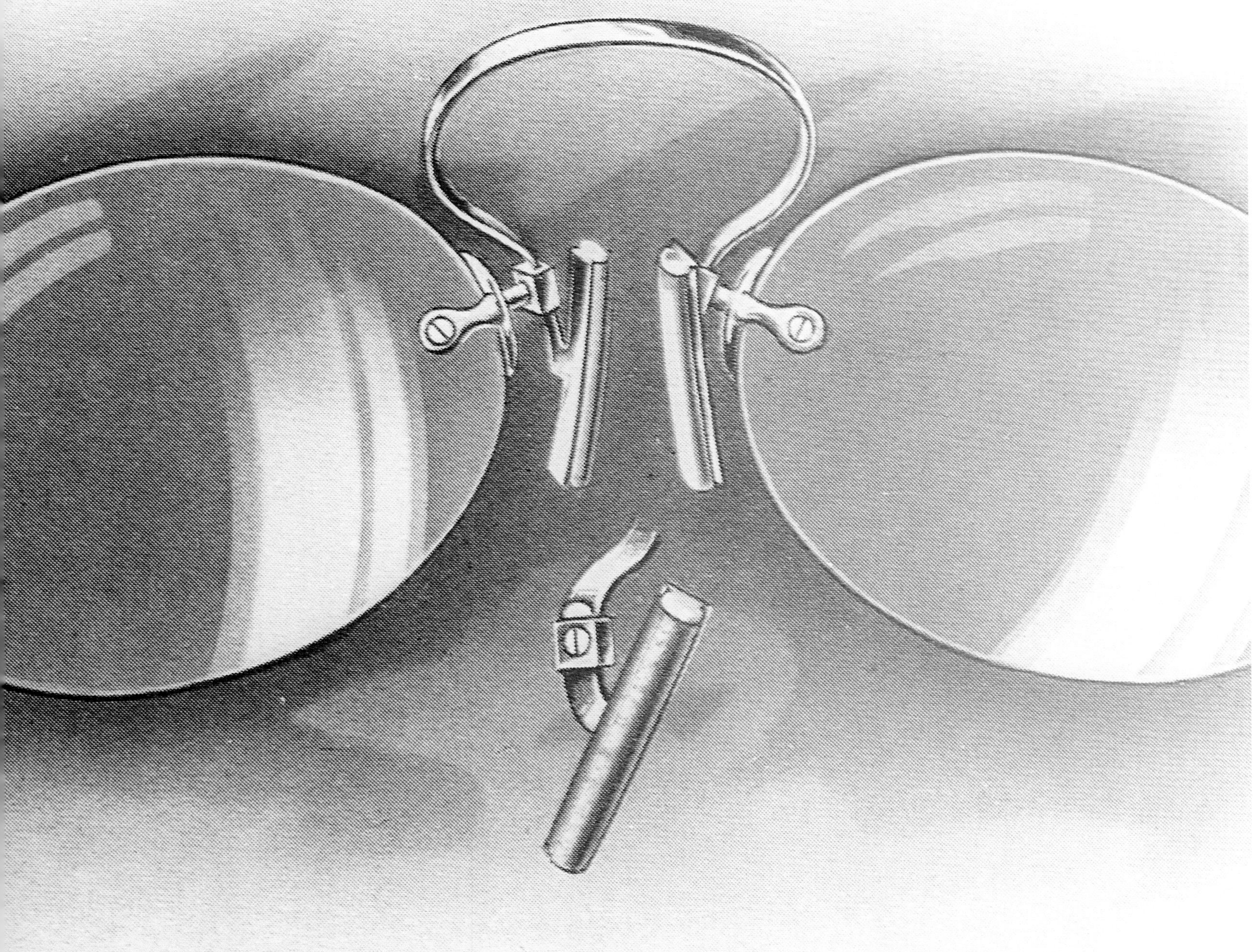

HIGH FASHION. MIT PUDER UND PERÜCKE.

Gutes Sehen und gutes Aussehen ließen sich im 18. Jahrhundert vor allem der Adel und die wohlhabenden Bürger etwas kosten. Die billigen Nasenkneifer kamen für sie nicht in Frage. Sie beauftragten die Brillenmacher lieber mit individuellen Lösungen. Diese sollten einen möglichst guten Durchblick mit einer maximalen Schonung von Make-up und Perücke vereinen. Die Lösung bot dazu die Scherenbrille.

Die konnten ihre Besitzer bei Bedarf sehr elegant vor die Augen halten, anschließend bequem zusammenfalten und unauffällig in einer Tasche verschwinden lassen. Wie gesellschaftsfähig diese modische Spielart war, zeigen prominente Träger, allen voran Napoleon und Goethe (dem das Brilletragen allerdings eher ein Graus war – der Geheimrat war ein leidenschaftlicher „Womanizer" und Verführer, der als extrem eitel galt).

LINKS: Kein Widerspruch – Gut Sehen und Aussehen

INTELLIGENZ UND VERFÜHRUNG: DER GEIST IM GLAS

Klemmer und Kneifer galten dem wohlhabenden Bürgertum des 19. Jahrhunderts als äußeres Zeichen von Intelligenz und Zugehörigkeit zur gesellschaftlichen Oberschicht. Es gehörte zur guten Etikette, die Sehhilfe zur Begrüßung und Vorstellung mit großer Geste abzusetzen. Untergebene hatten bei einer Annäherung an ihren Vorgesetzten ebenso vor den Augen „blank" zu ziehen.

In der Damenwelt fand die 1789 vom englischen Optiker Adams entwickelte Einschlaglorgnette, eine besonders verspielte Spielart einer Scherenbrille, großen Anklang. Das optische Accessoire stand in der gehobenen Gesellschaft für Eleganz, Bildung und interessierte Aufmerksamkeit im Gespräch. Es gab aber auch immer welche, die mit einer Brille ein Makel verbanden. So berichtet Brillendesigner und -sammler Moss Lipow über den amerikanischen Präsidenten George Washington, der einst im Staatsdienst anmerkte: „Bitte gestatten Sie, meine Herren, dass ich meine Brille aufsetze; wie Sie sehen, bin ich am Dienst für das Vaterland nicht nur grau, sondern auch fast blind geworden."

LINKS: Rodenstock-Fassungen: Drei „Metall-Klemmer"
RECHTS: Für jeden Geschmack etwas dabei – Lorgnetten in Silber, Golddoublé und vielen weiteren Materialien

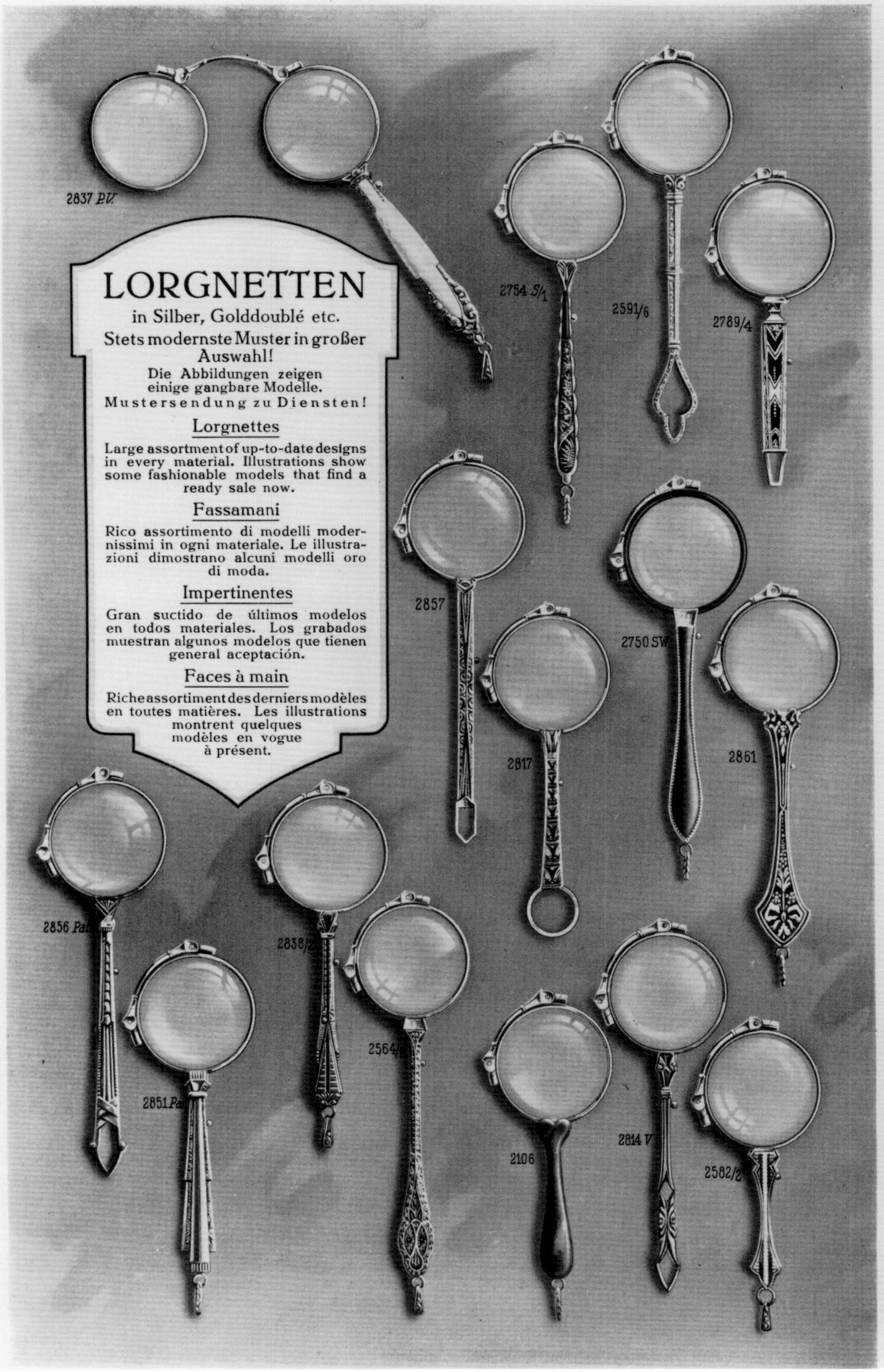

2837 P.V.
LORGNETTEN
in Silber, Golddoublé etc.
Stets modernste Muster in großer Auswahl!
Die Abbildungen zeigen einige gangbare Modelle.
Mustersendung zu Diensten!
Lorgnettes
Large assortment of up-to-date designs in every material. Illustrations show some fashionable models that find a ready sale now.
Fassamani
Rico assortimento di modelli modernissimi in ogni materiale. Le illustrazioni dimostrano alcuni modelli oro di moda.
Impertinentes
Gran suctido de últimos modelos en todos materiales. Los grabados muestran algunos modelos que tienen general aceptación.
Faces à main
Riche assortiment des derniers modèles en toutes matières. Les illustrations montrent quelques modèles en vogue à présent.
2754 S/1
2591/6
2789/4
2857
2750 SW
2817
2861
2856
2838
2564
2851
2106
2814 V
2582/2

Sonnenbrillen verlangten eine besondere Handwerkskunst. Denn es zeigte sich sehr früh, dass bei Gläsern mit starker Wirkung die Dickenunterschiede zu verschieden starken Tönungen führten. Aus diesem Dilemma entstanden dünne gefärbte Glasschichten, die auf die Brillengläser gekittet wurden. 1797 erfand der Engländer Richardson eine Doppelbrille. Bei diesem Modell ließ sich im Sonnenschein von der Seite her ein grünes Glas vor die eigentlichen Brillengläser klappen. Bis Mitte des 19. Jahrhunderts fand diese Brillenart ihre Fans.

Dass Sonnenschutz immer auch UV-Schutz bedeuten sollte, darauf hatte erstmals der französische Arzt Marie Theodore Fieuzal (1836-1888) hingewiesen. Weil es noch keine UV-Blocker gab, riet er, die sonst bevorzugten blauen Gläser durch gelbe Filtergläser auszutauschen, denen Eisen oder Kupferoxid beigemischt wurde.

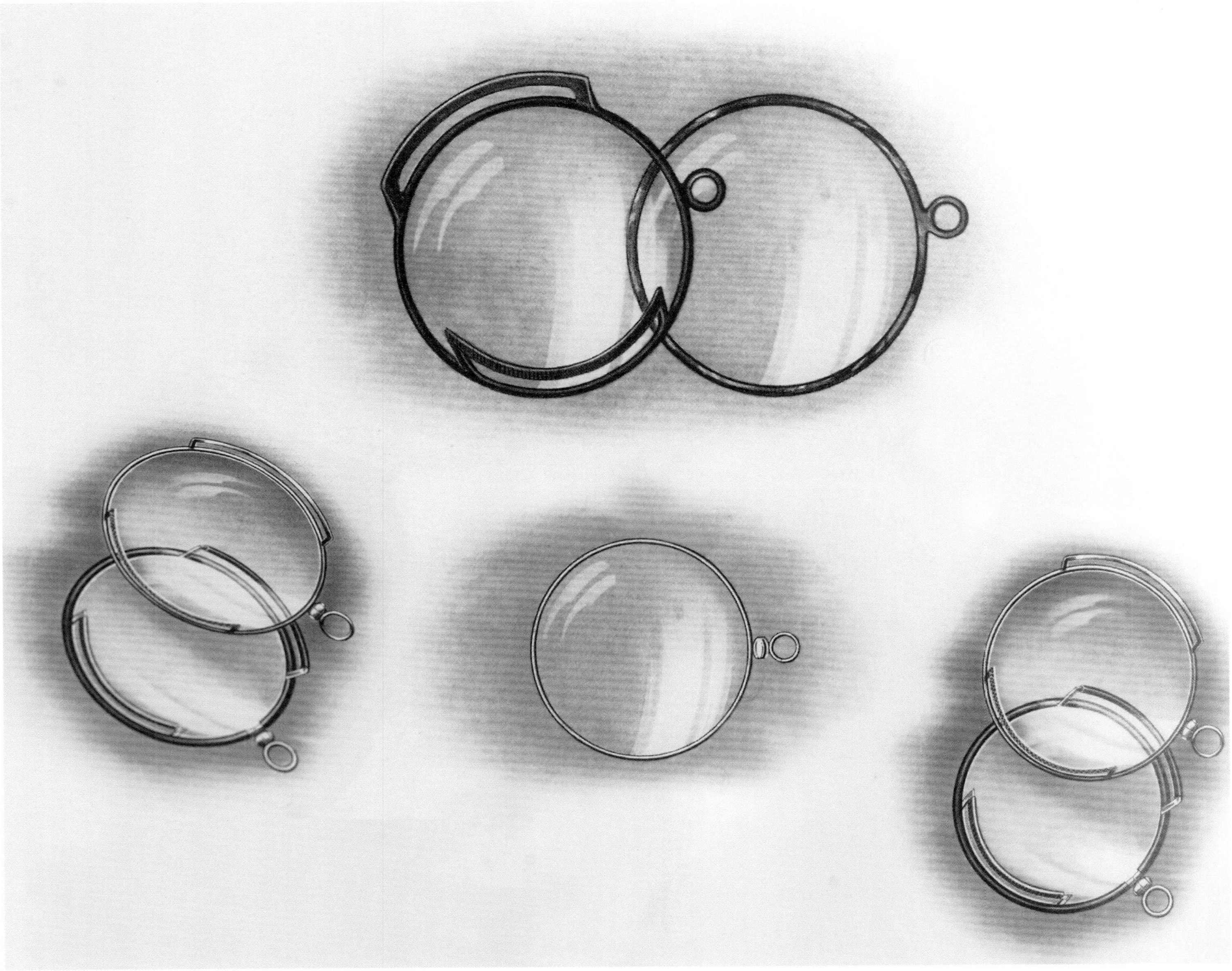

Und da ist da noch das Monokel. Erste Varianten des in die Augenhöhle geklemmten Glases fanden sich bereits im 14. Jahrhundert. Damals wurde es allerdings noch minder elegant wie ein Lesestein über den Text oder direkt vor das Auge gehalten. Um 1800 erlebte das eigentlich doch eher unpraktische Glas am Band schließlich seine Blütezeit, als die bürgerliche Mittelschicht und auch das Militär darin eine hübsche Möglichkeit der Selbstdarstellung sah. Der Brillenexperte Moss Lipow hat einen weiteren Grund der Monokel-Popularität ausgemacht: das Dandytum.

Rückblickend betrachtet machte die eigentümlich schrullige Monokel-Mode des 19. Jahrhunderts vor allem eines deutlich: Die Zeit war reif für die erste gefasste Brille Deutschlands. Josef Rodenstock hatte dazu in den 1870er-Jahren schon die Pläne im Kopf.

LINKS: Doppelbrille nach Richardson, 1797
RECHTS: Monokel mit und ohne Galerie

DURCHBLICK – EIN GLASKLARER VORTEIL

„Für die Zukunft sehe ich schwarz!“ Bei Josef Rodenstock steckt in diesem Satz alles andere als Pessimismus. Im Gegenteil. Er verheißt den Aufbruch in ein neues Zeitalter. Rodenstocks am 18. Juli 1879 unter der Nummer 10252 „patentierte Neuerungen an Augengläsern“ sind eine clevere Idee, die gepaart mit einem unbändigen Wissensdrang, große Perspektiven verheißt.

Die Brillengläser sind am Ende des 19. Jahrhunderts noch relativ klein. Die Ränder liegen damit eigentlich immer im Blickfeld, wo unangenehme Reflexe eine ungetrübte Sicht stören. Josef Rodenstock macht damit Schluss. Und zwar mit einem simplen Trick. Er schleift eine Nut in den Rand der Brillengläser und färbt diese schwarz ein.

SELBST IST DER FORSCHER

Unternehmensgründer Josef Rodenstock erkennt glasklar, dass Neuerungen und Innovationen auf dem Brillenmarkt der Schlüssel zum Erfolg sind. Und dass man nicht locker lassen darf, wenn man von einer Idee überzeugt ist. Dieser Erkenntnis-Zweiklang soll sich zu einer Art „rotem Faden“ der Rodenstock-Glas-Story von der Gründerzeit bis in die Gegenwart entwickeln.

LINKS: Brille um 1890
RECHTS: Josef Rodenstock 1846 - 1932

Josef Rodenstock ist ein Selfmade-Man, der sich sein optisches Wissen selbst aneignet. Besonders fasziniert ihn das 1866 erschienene Buch des Utrechter Augenarztes Frans Cornelis Donders „Die Anomalien der Refraktion und Akkommodation des Auges“. Donders gilt als Begründer der sogenannten „Ophthalmologie“. In dieser Wissenschaftsdisziplin geht es um die Erforschung der Augenbewegungen, das Farbsehen, die Weit- und Alterssichtigkeit.

Rodenstock liest Donders’ Werk wie einen Abenteuerroman. Besonders begeistert ihn die Refraktionsbestimmung, das Verfahren zur Bestimmung von exakten Brillenglaswerten. Er will alles darüber wissen und absolviert sogleich ein ausgiebiges Volontariat bei einem befreundeten Augenoptiker. Der Grundstock für seinen Brillen-„Clou“ ist gelegt.

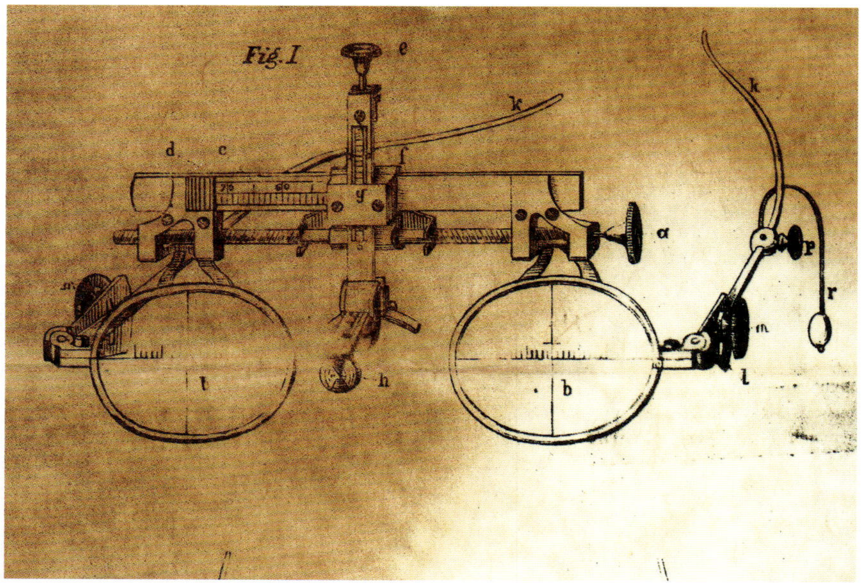

OBEN: Rodenstocks „Brillen-Anmess-Apparat verbunden mit pupillo und Strabometer“ (1881) ermöglichte exakte Untersuchungen und Messungen an den Augen.

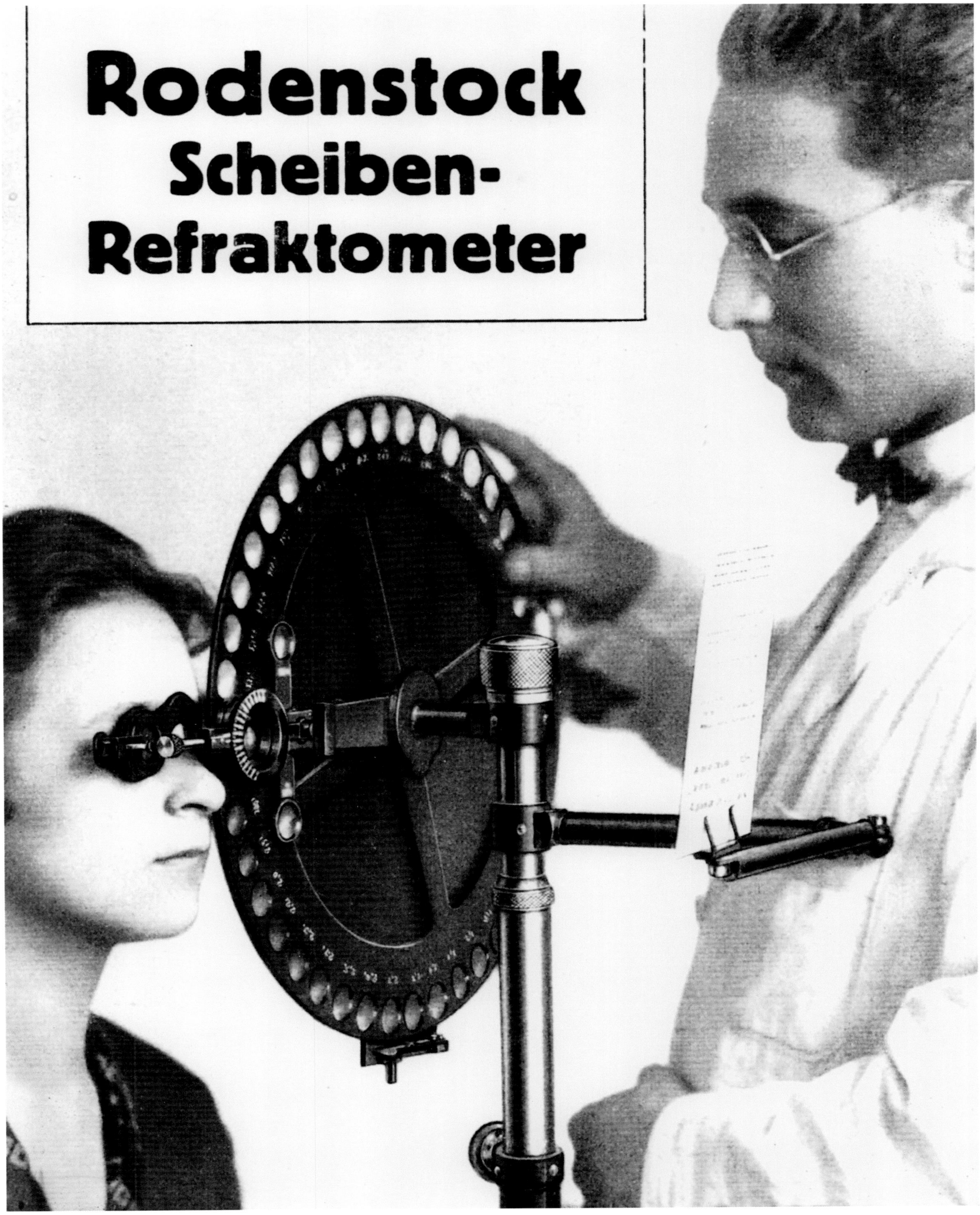

OBEN: Scheibenrefraktometer in Aktion, 1883

REKLAME MIT SCHLANGEN

Gutes zu tun, reicht allein nicht. Man muss auch darüber reden. Davon ist Rodenstock von Anfang an überzeugt und beginnt, seine Innovationen ausgiebig zu bewerben. Der Sprachduktus, das ist nicht zu überlesen, kann dabei gar nicht genug wissenschaftlich und medizinisch klingen. In Annoncen in Zeitungen und Journalen preist er die „Diaphragma-Gläser" an und garniert die Werbebotschaften rund um die Brille mit den zwei bewährten Schlangen Äskulapstäben, den Symbolen für Medizin und Gesundheit. Selbstbewusst bezeichnet er sein junges Unternehmen als „Alleinige Anstalt in Deutschland zur Anfertigung der verbesserten achromatischen, reflex- und aberrationsfreien Augengläser".

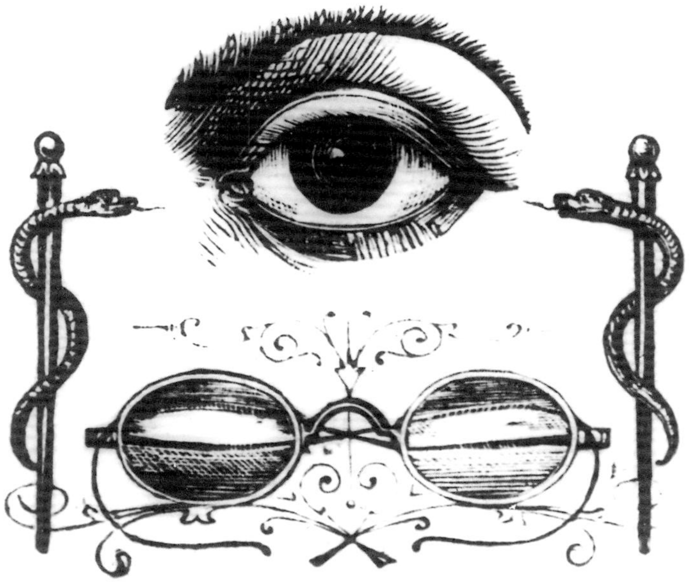

Rodenstock kann aber auch Klartext ohne Fachchinesisch. So redet er den Kunden deutlich verständlich ins Gewissen: „Es wird der denkende Teil der Brillentragenden sich gewiss der besseren Gläser bedienen, denn der Pflicht der Selbsterhaltung dürfte es verbieten, ein für das Auge minder gutes oder gar schädliches Glas anzuwenden."

OBEN: Anzeige um 1885. Rodenstock preiste seine „wissenschaftlich richtigen Augengläser" an.

Josef Rodenstock ist damit Ende des 19. Jahrhunderts seiner Zeit ein ganzes Stück voraus. Auch wenn ihm damals dazu der Begriff fehlt, will er eine Art „Systemanbieter“ sein, der unter seinem Namen neueste medizinische und optische Wissenschaft, Materialkunde, Design und moderne Produktionsverfahren miteinander vereint, immer getrieben vom Ehrgeiz, Innovationen zu schaffen – und sich dafür Patente zu sichern.

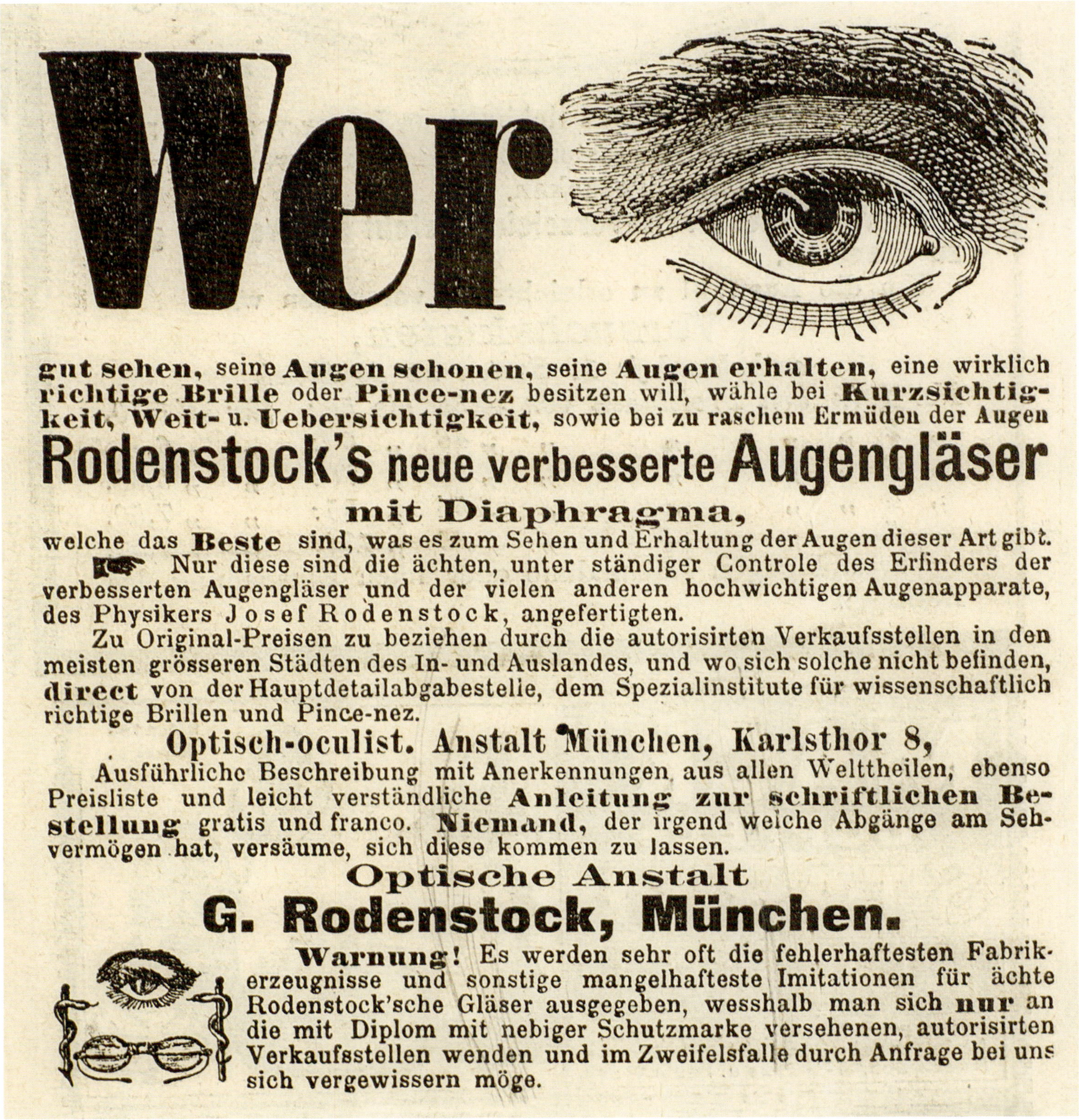

DIESE SEITE: Anzeige aus 1881

PATENTSCHRIFT

1879. — № 10252 — Klasse 42.

G. RODENSTOCK in WÜRZBURG.

Neuerungen an Augengläsern.

Patentirt im Deutschen Reiche vom 18. Juli 1879 ab.

Bei allen seither bekannten und gebrauchten Augengläsern wurde bei deren Anwendung am meisten störend, unangenehm und sehr nachtheilig für die Augen gefunden die durch ungeeignete Abgrenzung des Gesichtsfeldes entstehenden Reflexe und Aberrationen, sowie ferner die Strahlen von der dem Auge nahen Fassung. Sofern ein Gestell mit Nuth gewählt worden, treten noch hinzu, die Strahlen von der Facette, welche zum Befestigen der Gläser in der Fassung nothwendig angeschliffen werden mufs. Sämmtliche bisher angewendeten Brillen, Pince-nez, Lorgnetten, Lorgnons haben diesen Fehler in gröfserem oder geringerem Grade. Solche ohne jede Randfassung der Gläser, die nur mit angeschraubter Fassung versehen sind, haben mehr Reflexe und Aberration, und jene mit Randfassung mehr das Nachtheilige der Strahlen von dieser und der Facette.

Mit der Construction der in beiliegender Zeichnung dargestellten Augengläser ist eine Verbesserung der seither angewendeten dadurch bezweckt, dafs die oben berührten Uebelstände beseitigt sind durch die Anbringung einer dunklen Nuth an der Seite, oder auch durch Auftragung eines dunklen Randes um die Gläser herum.

Durch die Anbringung einer dunklen Nuth, wie in Fig. 3 und 6 ersichtlich, wird besonders die sphärische Aberration bei den convex und concav geschliffenen Gläsern, wenn nicht ganz aufgehoben, so doch bedeutend verringert. Ferner wird dadurch, dafs bei der dunklen Abgrenzung des Gesichtsfeldes das Auge unwillkürlich mehr durch die Mitte der in der Regel centrisch einzusetzenden sphärisch geschliffenen Gläser sieht, die im anderen Falle, nämlich beim Sehen aufser der Mitte der Gläser eintretende prismatische und farbenerzeugende Wirkung der Gläser mehr ausgeschlossen.

Patent-Anspruch:

Die Anbringung einer dunklen Einfassung der Augengläser entweder durch Einschleifen einer Nuth *a a* und Dunkelfärbung derselben, wie in Fig. 3 und 6 dargestellt, oder durch einfachen Auftrag oder Einbrennen einer dunklen Farbe auf dem äufseren Umfange *b b* des Glases, wie in Fig. 4 und 5 dargestellt.

Hierzu 1 Blatt Zeichnungen.

DIESE SEITE: Patentschrift zur ersten eingefassten Brille der Neuzeit

NUR KEINE GEHEIMNISSE VERRATEN

Im kaiserlichen Patentamt kennt man Rodenstock längst. Zuhauf gehen dort die Anträge auf Ideenschutz ein, das Unternehmen ist ein sprudelnder Quell der Innovation, dabei wird nicht einmal jede „amtlich". So legt Rodenstock beispielsweise schon in den 1880er-Jahren „Brillen, Pincenez, Lorgnetten und Lorgnons mit zwei-, drei- und vierfarbigen Gläsern" vor.

Dazu hat er zwei und mehr Glasschichten unterschiedlicher Farben harmonisch zusammengeführt. Weil er in der Patentbeschreibung zu viele Details seiner Lösung hätte preisgeben müssen, verzichtete er vorsichtshalber auf das Patent. In den 1890er-Jahren ist es so weit: Rodenstock bringt erstmals eine Sonnenbrille mit gelbgrünen Sonnenschutzgläsern (sogenannten Enixantosgläsern) auf den Markt.

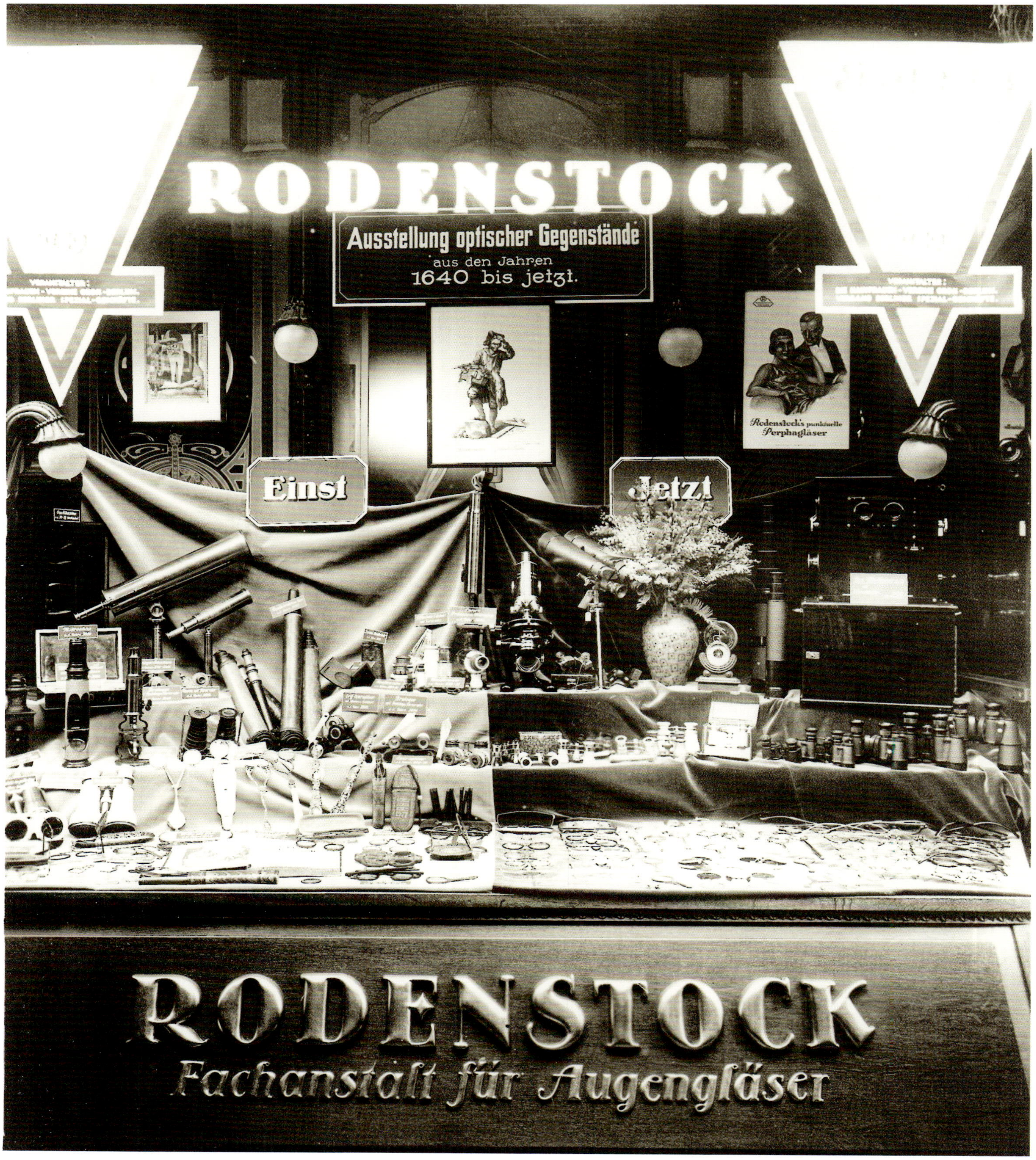

Der Weg zu Innovationen bei den Gläsern geht immer einher mit den dazu notwendigen Apparaturen und Werkzeugen. Dazu zählen die Wirtschaftshistoriker Dirk Reder und Sven Roeseling in ihrer 2003 erschienenen Rodenstock-Chronik *Augenblicke* unter anderem patentierte Brillenanmessapparate, Probierbrillen zur genauen Bestimmung des Astigmatismus, verschiedene Optometer, ein Apparat zur Bestimmung von Schutzgläsern, Refraktions- und einfache Augenspiegel und Probebuchstaben zur Bestimmung der Sehschärfe.

VOLLKOMMEN UND SCHARF: PERFA-GLÄSER

Am Anfang des 20. Jahrhunderts sind immer ausgefeiltere Produktionsmethoden gefragt und Rodenstock bringt einen Meilenstein unter dem Kunstwort „Perfa-Gläser" als erster Hersteller auf den deutschen Markt: Die vollkommen neu gewölbten Brillengläser sind vorne konvex und auf der Rückseite konkav gekrümmt. Sie lösen die sogenannten „Bi-Gläser" ab, die vorne und hinten eine gleiche Biegung aufweisen. Perfa-Gläser vergrößern das Gesichtsfeld deutlich und überraschen die Brillenträger mit einer in dieser Form zuvor nicht gekannten scharfen, punktgenauen Abbildung.

DIESE SEITE: Rodenstock preist 1913 die „Neo-Perfa-Brillengläser" als „das Vollkommenste hinsichtlich der Ausdehnung des klaren Gesichtsfeldes bei jeder Blickrichtung".

WEESER-KRELL
MÜNCHEN

SICH REGEN IN REGEN

Weil in München, seit 1883 der Stammsitz des Unternehmens, in den 1890er-Jahren der Platz für die Herstellung einer immer größeren Produktvielfalt knapp wird, verlagert Rodenstock die zeit- und arbeitsaufwendige Linsenschleiferei nach Regen im Bayerischen Wald.

Hier gibt es im Umfeld verschiedener Glashütten entsprechend erfahrene Arbeitskräfte und eine günstige Bahnverbindung sowohl nach München als auch nach Prag, zwei der bedeutendsten Metropolen in der Mitte Europas. 1899 startet in Regen die Produktion. Bis heute ist das niederbayrische Werk einer von drei zentralen Glasfertigungsstandorten des Unternehmens.

Idealisierte Ansicht der Fabrik Regen

Hinzu kommen jetzt auch Zweistärkengläser mit angeschliffenem und eingeschmolzenem Nahteil – eine Brille für alle Zwecke. Für viele Zeitgenossen klingt dies fast so wie „zu schön, um wahr zu sein“. Selbst stark kurzsichtige Brillenträger bekommen mit Abflachung des Randes dünnere und leichtere linsenförmige (lentikulare) Brillengläser und damit einen immer besseren Durchblick. Möglich wird dies, nachdem Rodenstock in den 1920er-Jahren seine „mathematische Abteilung für physiologische Optik“ weiter ausbaut. Neue Produkte gehen in Großserienfertigung: „Perfa-Punktuell“, „Perfa-Hygal“ sowie die Schutzgläser „Entos“ und „Perfa-Color“.

Anzeigen der neuen Produkte: Entos-Gläser, Perfa-Punktuell und Perfa-Hygal

R
Rodenstock
Perfa Punktuell Brillengläser

Hochvakuum-Hahn
Blenden Versteller
Hahn-Ölpumpe Vorvakuum
Hahn-Ölpumpe Glocke
Aufzug
Ab
Druckmessung
Dampfofen
Dampfofen Heizstrom Kontrolle
Hauptschalter
Hochspannungs- Aus Schalter
Links
Rechts

KRAFTAKT AN DER PRESSE

Die Variantenvielfalt an Gläsern wird möglich durch Standards und vorgefertigte Rohprodukte, sogenannte Halbteile. Dazu wird das Glas durch Schneiden, Sägen und Wiegen zunächst in die Größe einer Brillenlinse gebracht, im Ofen solange erhitzt, bis eine formbare, weiche Glasmasse entsteht, die dann schleunigst mit Stahlstempeln in gusseiserne Formen gepresst wird. Anfangs waren an der Kniehebelpresse bis zu drei Mann an einem drei Meter langen Hebel gleichzeitig mit dem Pressen beschäftigt – ein echter Kraftakt.

Ein Brillenglas ist aber mit dem Gießen, Pressen, Schneiden und Schleifen noch lange nicht fertig. Um 1960 veredelt Rodenstock die ersten Silikat-Linsen mit einer „Dünnschichtaufdampfungsanlage". Das ist Hightech vom Feinsten. Im Hochvakuum werden dazu beide Linsenseiten mit Magnesiumfluorid bedampft. Dadurch reduzieren sich Reflexe und es erhöht sich die Lichtdurchlässigkeit. Seit 1962 lassen sich nach dieser Methode auch Farbbeschichtungen aufbringen. Das öffnet ganz neue Wege zum Sonnenschutz – und zu außergewöhnlichen Designs. Heute ist das Aufdampfen von Magnesiumfluorid, Titandioxid und Quarz eine Selbstverständlichkeit.

LINKS: Seit 1959 wurden im Werk Regen präzisionsoptische Linsen mit einer „Dünnschichtungsanlage" vergütet und entspiegelt.

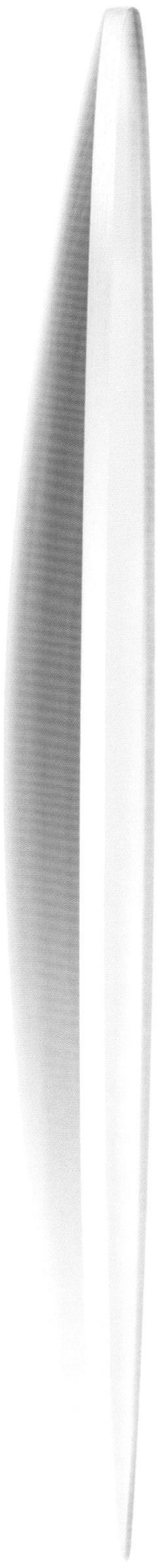

NIMM'S LEICHT: KUNST-STOFF

Ende der 1950er-Jahre machen Kunststoffgläser aus Frankreich Brillenträgern das Leben leichter. Auch Rodenstock ist in die Polymerisationsversuche eingestiegen. „Perfalit" (eine Kombination des bewährten Kunstwortes „Perfa" mit dem englischen „light" = leicht) ist Rodenstocks erster Versuch am Markt. Der Marktdurchbruch gelingt in den 70er-Jahren.

LINKS: Heute besteht fast jede zweite Brille aus leichten, kratzfesten Materialien.

EINE FÜR ALLES, ALLES FÜR EINE

Zweistärken-Gläser (Bifokal) sind der Hit in den 1950er- und 60er-Jahren. Das ist erlebbarer Fortschritt. Nah- und Fernbereich werden in einer Brille vereint, der lästige Wechsel ist von gestern. Rodenstock hat die kleinen optischen Meisterwerke bereits 1911 im Programm, richtig durchsetzen können sich die von Benjamin Franklin erfundenen Gläser aber erst, seit die gesetzlichen Krankenkassen in den 60er-Jahren diesen Brillentyp bezuschussen. Auch hier sind der Formen- und Kombinationsvielfalt keine Grenzen gesetzt: Es gibt Verbindungen von eingeschmolzenen oder geschliffenen, großen oder kleinen Nah- und Fernteilen, mit geraden, gebogenen, sichtbaren oder unsichtbaren Trennkanten. Und das in Bifokal- und sogar Trifokal-Ausführungen.

1968 bringt Rodenstock als erster Brillenglashersteller selbsttönende Gläser auf den europäischen Markt. Der Effekt sogenannter fototroper Gläser basiert auf der Lichtempfindlichkeit von eingearbeitetem Silberhalogenid, das sich automatisch wechselnden Lichtverhältnissen anpasst. „ColorMatic“ hieß dies bei Rodenstock.

LINKS: „Schätzchen“ Uschi Glas mit selbsttönender Sonnenbrille

So weit, so gut. Richtig spannend wird es, wenn fototrope Effekte auch bei Bi- und Trifokal-Gläsern zur Wirkung kommen sollen. Die besondere Herausforderung besteht dabei darin, beim Verschmelzen der unterschiedlichen Linsen so sorgsam vorzugehen, dass die fototropen Materialien unter dem großen Hitzeeinfluss nicht dauerhaft auf Dunkel schalten. Für die Ingenieure gerät dies zu einer großen Tüftelei mit vielen Rückschlägen. In den 70er-Jahren haben sie es geschafft.

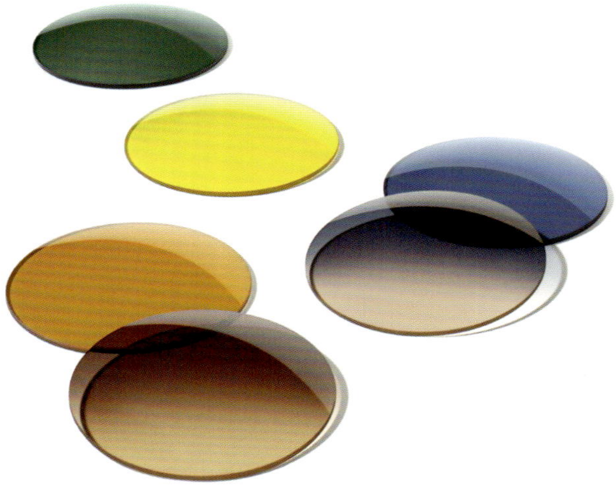

OBEN: Selbsttönende Mehrstärkengläser begeistern die Kunden. „Rodalux", „Trifolux" und „Rodalent" werden zu Topsellern.

Rodenstock Sonnenbrillen
mit PERFA-COLOR-GLÄSERN
MODELL SORBONA

BESSER GLEITEN

Ende der 70er-Jahre werden „Gleitsichtgläser“ das Maß der Dinge. Sie vereinen gänzlich ohne störende Kanten die Eigenschaften von Lese- und Fernbrille. Die Fertigung erweist sich als extrem aufwendig und kompliziert. Die Übergänge müssen maximal sanft und exakt gestaltet sein, damit den Brillenträgern der Perspektivwechsel nicht zur schwindelerregenden Achterbahnfahrt wird. Vor allem die elektronische Ansteuerung der Fräsmaschinen macht den Technikern aus der Abteilung „Physiologische Optik“ zu schaffen. Die Rechnerkapazität stößt damals angesichts der schieren Masse der zu verarbeitenden Daten an ihre Grenzen. Erst die Weiterentwicklung der computergesteuerten (CNC) Bearbeitungsmaschinen in den 90ern führt zum endgültigen Durchbruch.

OBEN: Die Rodenstock-Gleitsichtgläser „Progressive R“ setzen 1981 neue Maßstäbe als erstes Gleitsichtglas aus Deutschland. „Multigressiv“ (1995) und „ImpressionILT“ (2000) sind danach konsequente Weiterentwicklungen und Qualitätsverbesserungen.

DIGITALER DURCHBRUCH

Anfang 2000 gelingt Rodenstock mit der Einführung von „ImpressionILT“ ein echter Scoop. ILT steht für Individual Lens Technology. Die Voraussetzung dafür schafft das Messen der Pupillendistanz, des Hornhautscheitelabstands, der Fassungsvorneigung und der Fassungsdurchbiegung. Mit Hilfe dieser Daten kann die Brille erstmals absolut individuell maßgeschneidert werden. In Frankfurt am Main nimmt Rodenstock dazu das modernste Werk für Brillenglasfertigung in Europa in Betrieb.

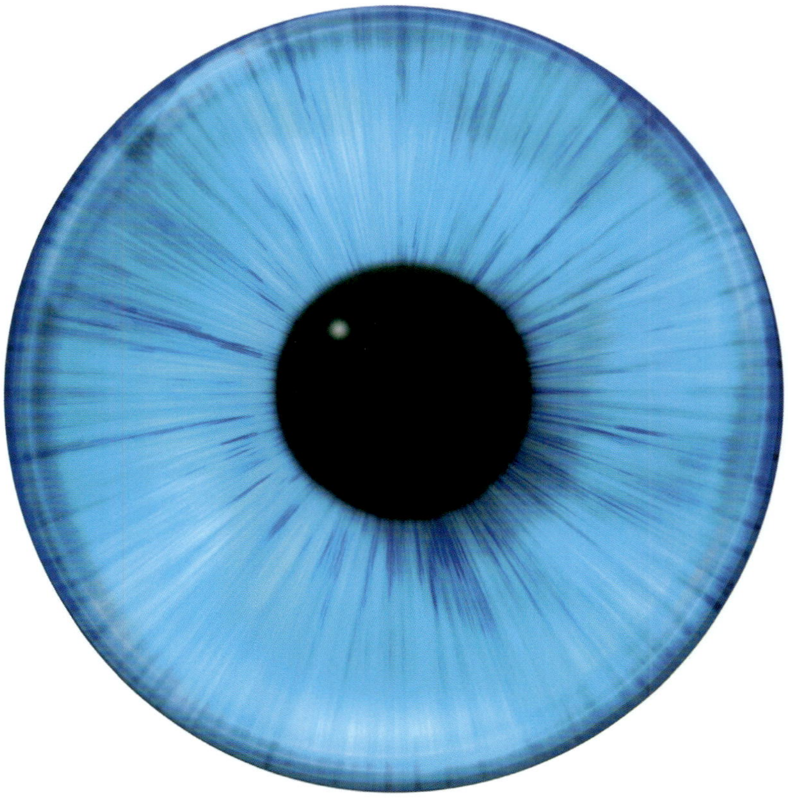

DIESE SEITE: Mit Hilfe eigener mathematischer Berechnungen gelingt es den Rodenstock-Ingenieuren, die Brille als exakt vermessenen „Maßanzug“ zu fertigen.

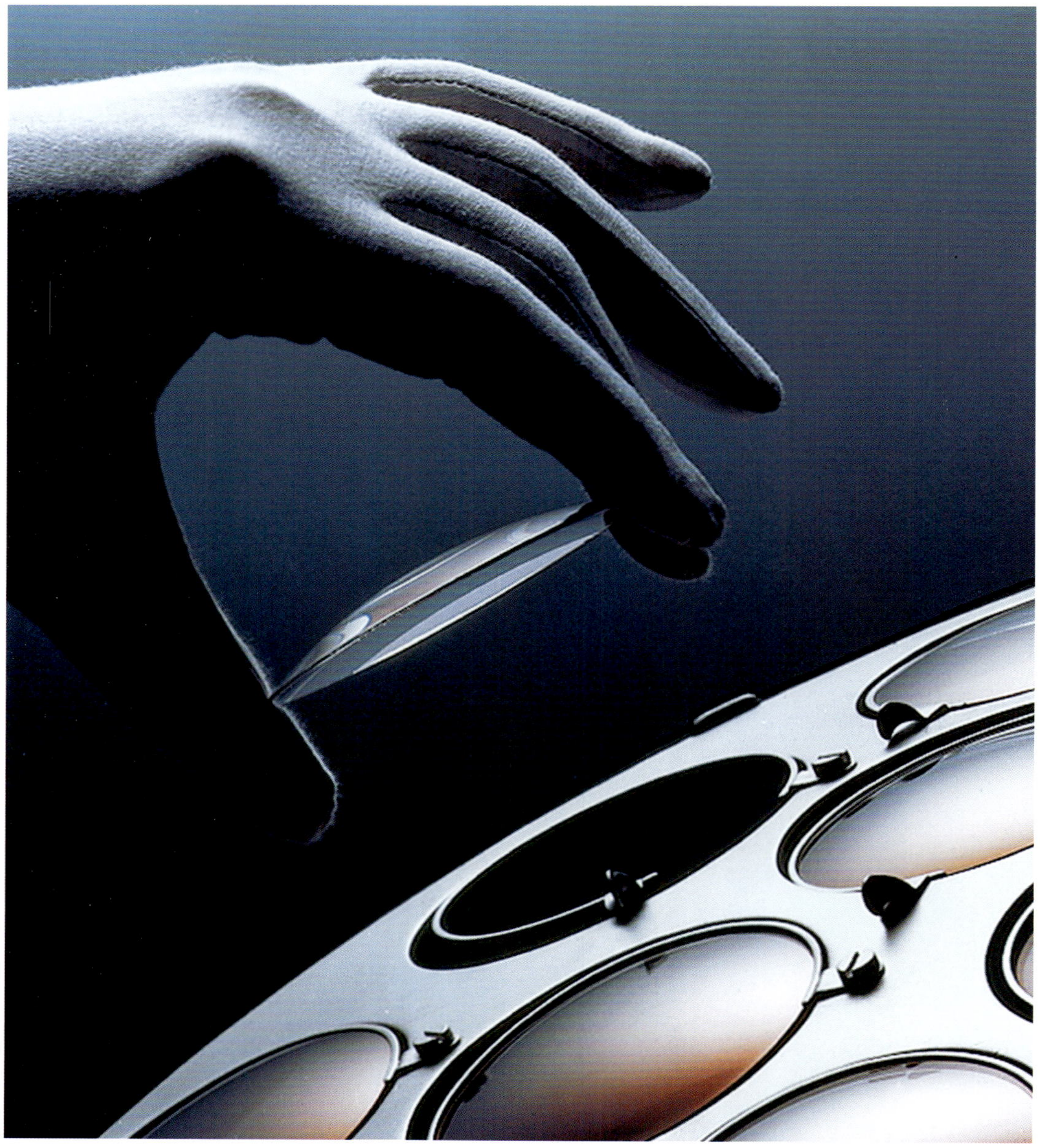

Es ist die perfekte Umsetzung der Josef-Rodenstock-Philosophie, das „System des Sehens in seiner Gesamtheit“ zu verstehen. Heute werden in Frankfurt 4000 Gläser am Tag produziert, wobei jedes einzelne ein Unikat sein kann. Gab es zuvor eine (durchaus riesengroße) endliche Variationsvielfalt, wird diese vollkommen frei und individuell verfügbar – theoretisch mit unendlichen Möglichkeiten.

OBEN: Brillenglasveredelung: eine Kalotte wird bestückt

DER „FINGERABDRUCK“ DES AUGES

Neue, immer schnellere Buchung und Verarbeitung von Daten und deren unmittelbare Einsteuerung in die Glasherstellung machen die Brille immer „intelligenter“. So vermag Rodenstock heute als einziger Brillenhersteller mit Hilfe der EyeLT®-Technologie individuelle Abbildungsfehler näherer und höherer Ordnung des menschlichen Auges bei jeder Blickrichtung und in Abhängigkeit von der Pupillengröße zu berechnen.

Teil dieser Technologie ist ein eigens darauf abgestimmtes Scan-Verfahren, mit dem erstmals vollautomatisch selbst kleinste Abbildungsfehler des Auges erfasst werden können. Mit DNEye® lassen sich weitaus mehr Daten als mit konventionellen Messverfahren erfassen. Das Ergebnis ist die höchstmögliche Ausschöpfung des individuellen Sehpotenzials. Oder anders ausgedrückt: Es geht darum, einfach besser zu sehen.

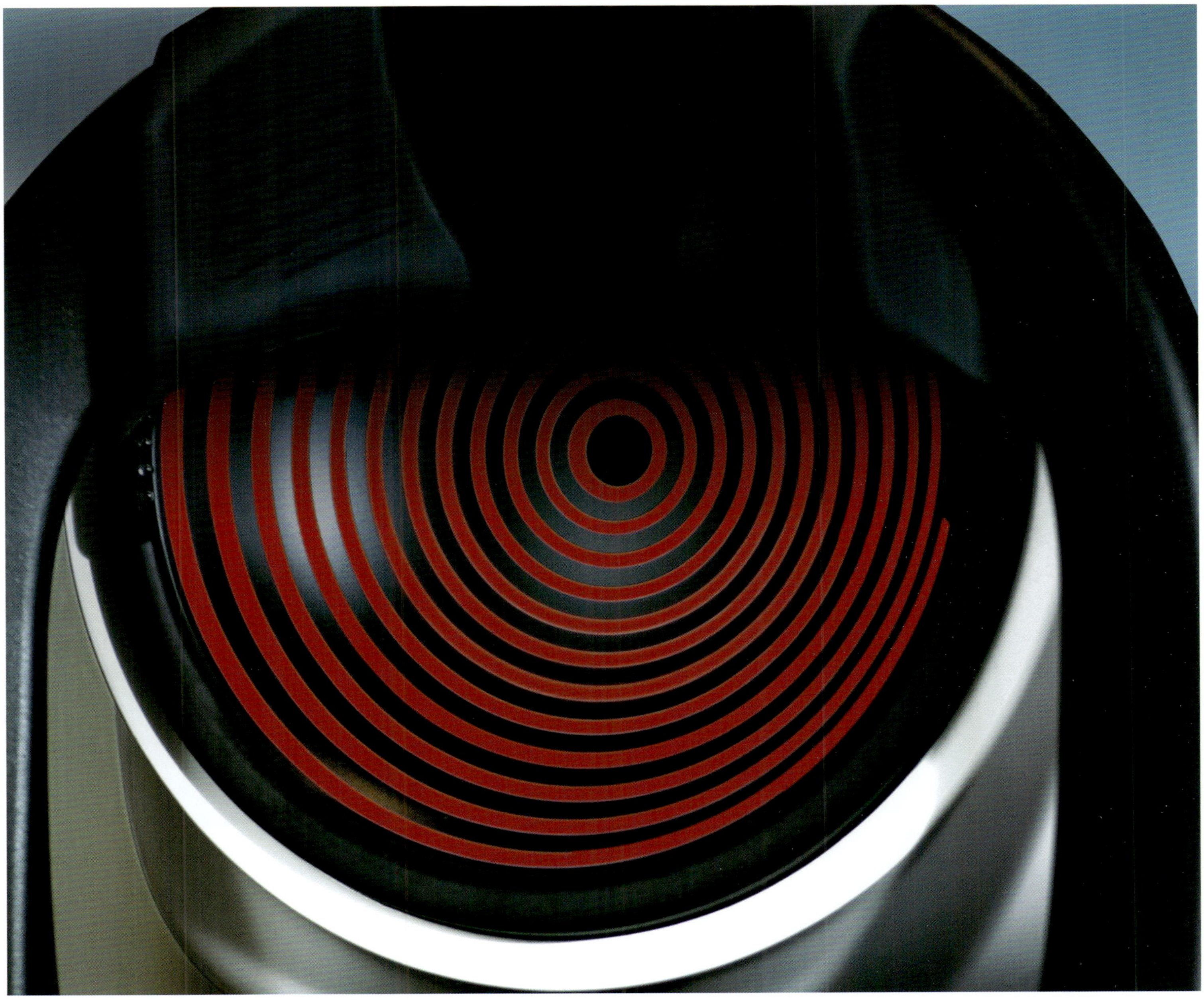

DIESE SEITE: Vermisst tausende Punkte in Sekunden: Der DNEye® Scanner von Rodenstock

Der hohe Qualitätsanspruch ist bei Rodenstock fest in der DNA verankert. Unter speziellem Lichteinfall lässt sich dieser in jedem Glas sichtbar machen. Mit Laser ist dort das Rodenstock „R“ eingraviert – als Ausweis der Herkunft und einer außerordentlichen Qualität. Gründervater Josef Rodenstock hätte daran vermutlich großen Gefallen.

Links im Brillenglas: Das eingravierte „R“

Die Rodenstock-Schleiferei in Regen um 1900.
Transmissionsriemen und Schwungräder übertragen die Kraft zu den Maschinen.

Kapitel 2

REAR VIEW

Aufbruch in eine neue Zeit –
das ausgehende 19. Jahrhundert

Eisen u. Metallwaarenhandlung
Café Trenz.
Bullinger.
Störrlein
vormals Val. Hofmann
Städt. Arbeitsamt

Es sind aufregende Zeiten. Fortschritt, wohin man schaut. Die zweite Hälfte des 19. Jahrhunderts steht ganz im Zeichen der Moderne und fundamentaler technischer Umbrüche. In den USA erschließen Telegraphenlinien die Neue Welt, die ersten Fernsprecher ermöglichen „live“-Gespräche über größere Distanzen, Nikolaus Otto zündet den Viertaktmotor, Thomas Edison geht mit der Glühlampe ein Licht auf, Werner Siemens bringt die erste elektrische Eisenbahn in Fahrt ... Geht nicht, gibt's nicht, ist die Devise in Wirtschaft und Wissenschaft. Die Gesellschaft – insbesondere in den aufstrebenden Städten – ist trunken von Fortschrittsglauben und von den Idealen einer sozial gerechteren Welt.

In dieser Aufbruchstimmung erhält Josef Rodenstock am 29. Mai 1880 Post vom kaiserlichen Patentamt. Das Kuvert hat gute Nachrichten: „Mit Bezug auf die Verfügung des Kaiserlichen Patentamtes (P.A. No. 12444) vom 8. Mai 1880 wird Ihnen ergebenst mitgeteilt, dass ihr Patent nunmehr unter No. 10252 in die Patentrolle eingetragen worden ist.“

Für den Unternehmer ist dies ein Feiertag. Drei Jahre nach der Gründung der Firma Rodenstock hat seine in Jahren der Forschung und des Tüftelns entstandene erste gefasste Diaphragma-Brille der Welt endlich ihre offizielle Bestätigung und Anerkennung bekommen. „Die Zukunft kann beginnen“ – Josef Rodenstock stellt die Weichen seiner jungen Firma auf Wachstum. Der Gründungsstandort Würzburg soll dafür schon bald zu klein werden. 1883 heißt es: Auf nach München! Es gilt, Brillengeschichte zu schreiben.

Würzburger Innenstadt um 1900. ©ullstein bild – Stengel & Co

ECHT GUT, ABER NUR WENN’S „ÄCHT“ IST

Rodenstock hat ohne Zweifel den Nerv seiner Zeit getroffen. Und zwar so trefflich, dass die Marke nicht nur bei zufriedenen Kunden, sondern zugleich auch bei Fälschern eine hohe Begehrlichkeit auslöste. 1888 schrieb das Unternehmen stets einen kleinen Abbinder unter seine Zeitungsannoncen: „Warnung! Da sehr oft die fehlerhaftesten Imitationen unter Missbrauch unseres Namens als „ächte“ Rodenstock’sche Gläser ausgegeben werden, möge man im Zweifelsfalle durch Anfrage bei uns sich über die Offertstelle vergewissern.“

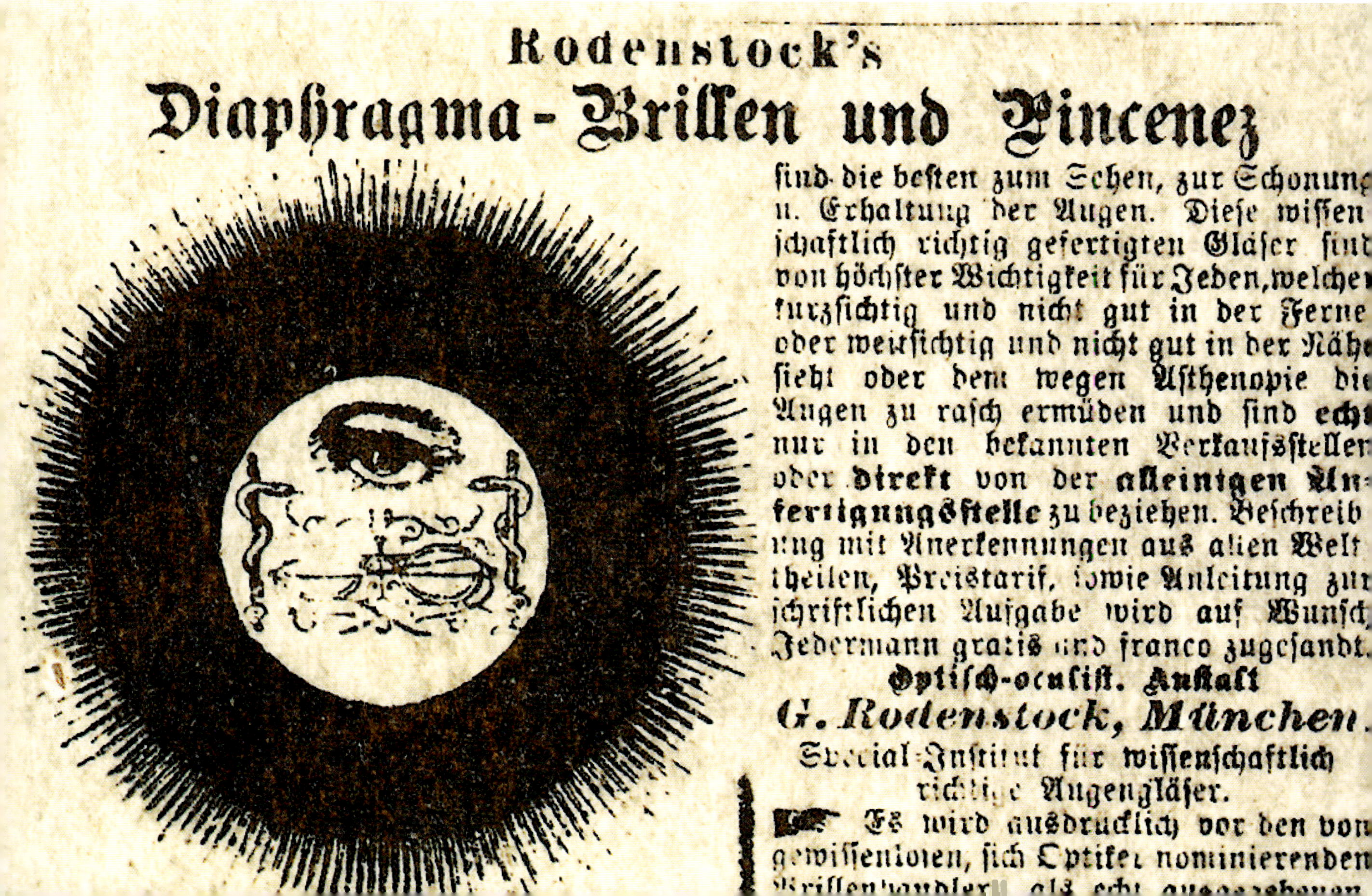

Betreff: Augengläser.

Warnung!

Die vielfachen Fälschungen und der Verkauf fehlerhafter Imitationen als

Rodenstock'sche Diaphragmagläser

veranlasst uns, zum Schutze des Publikums sowie im Interesse des Rufes unserer Erzeugnisse dringend darauf aufmerksam zu machen, bei nicht direct von uns bethätigten **Neuanschaffungen** unserer Brilien und Pince-nez, sowie **Ergänzung** einzelner Gläser sich durch **ausdrückliche** Bezeichnung **Rodenstock's Diaphragmagläser** zu sichern, keine fehlerhafte und schädliche Nachahmungen zu erhalten.

Auch bitten wir Rechtlichdenkende, von den betrügerischen Manipulationen einzelner optischer Geschäfte uns gütigst Nachrichten zukommen zu lassen und als ächt gekaufte Brillen und Pince-nez zur Revision gefälligst zuzusenden, um durch eventuelle gerichtliche Anzeigen dem obigen vielfach gepflegten Unfuge steuern zu können, da nach **patentamtlichem** Schutze die **Marke Rodenstock's Diaphragmagläser** ausser uns Niemand berechtigt ist, zu fertigen und die Imitationen **nicht** als solche verkauft werden dürfen.

Optische Anstalt G. Rodenstock, München.

Ausführliche Beschreibung der Vorzüge Rodenstock'scher Brillen u. Pince-nez mit Diaphragmagläser nebst Anerkennungen aus allen Welttheilen, sowie Original-Preisliste und für Plätze, an denen sich verlässige Verkaufsstellen nicht befinden.

Das Thema Schutzrechte zieht sich seither wie ein roter Faden durch die Unternehmensgeschichte. Dazu zählen epochale Weiterentwicklungen und eine Vielzahl nützlicher Innovationen, etwa die Garniturbefestigung für Brillen, Kneifer, Lorgnetten, Lorgnons u. dgl. (1908), optische Gläser mit lichtabsorbierender Randschicht (1916), verstellbare Brillenfedern (1929), die Seitensteg-Brille (1935), Brillenbügel (1940) oder das nichtmetallische Brillengestell (1941).

LINKS: Josef Rodenstock war es wichtig, seine „wissenschaftlich richtig gefertigten Gläser" gegen die „gewissenlosen Brillenhändler" durchzusetzen.
RECHTS: Anzeige aus 1895, Warnung vor Produktfälschern

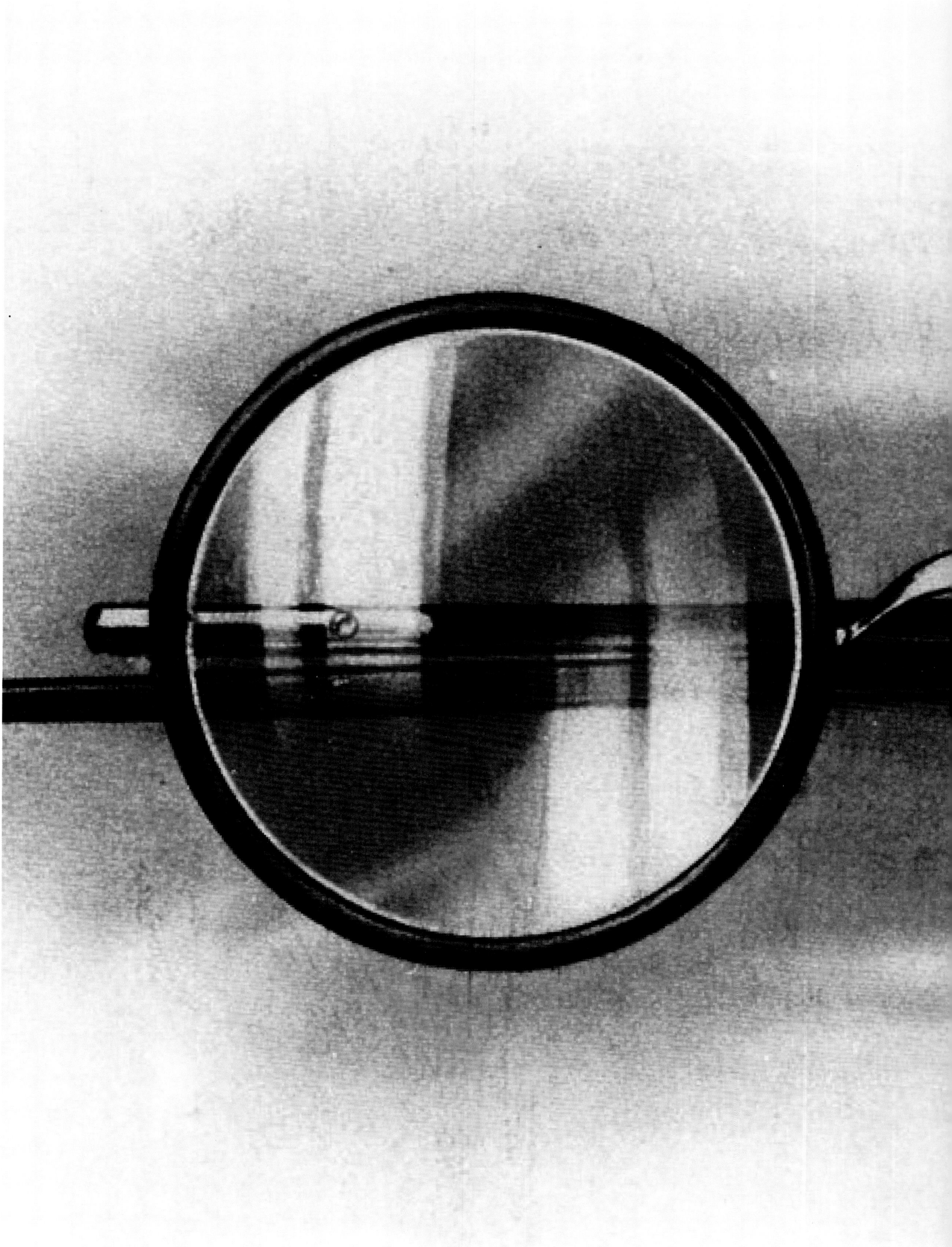

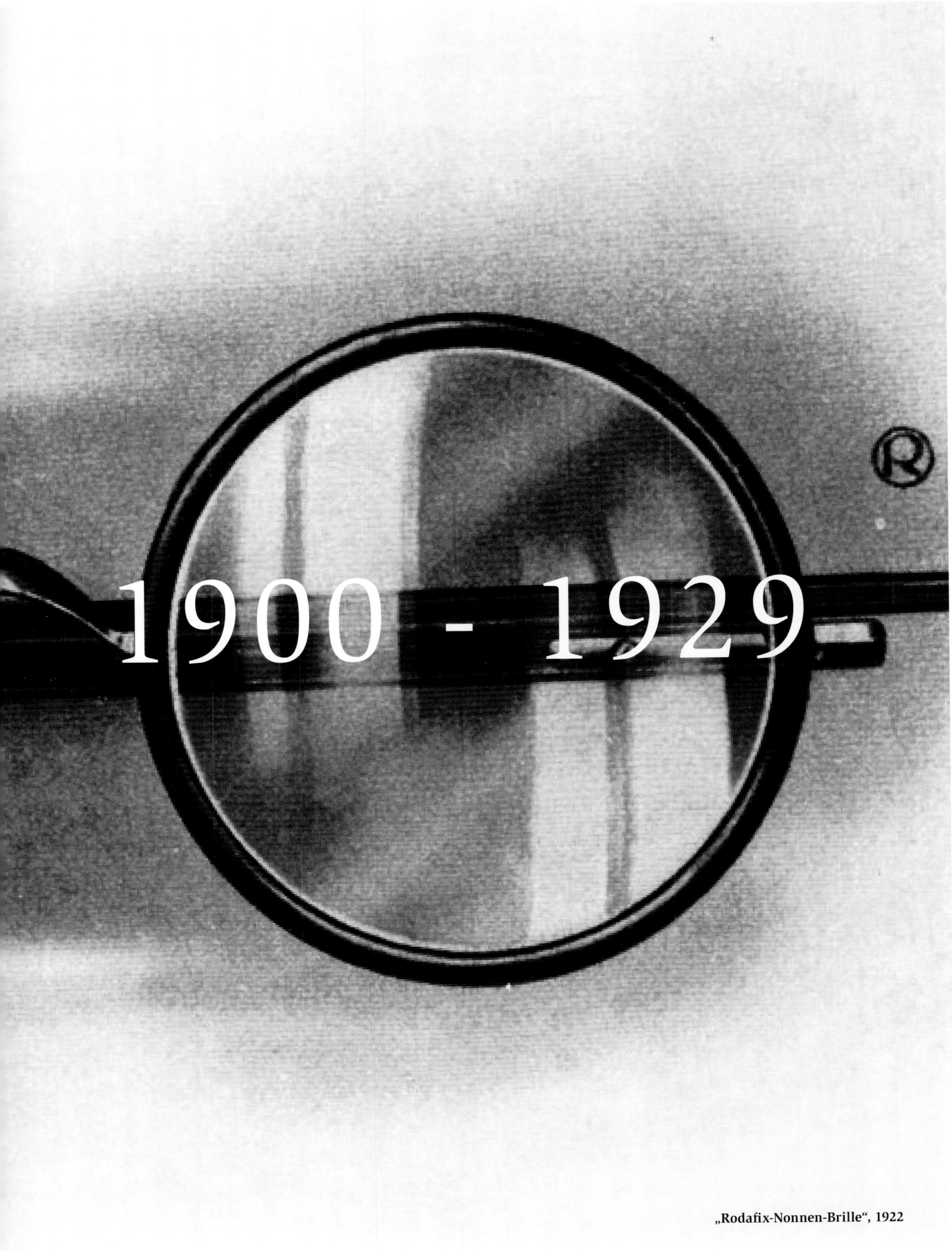

„Rodafix-Nonnen-Brille", 1922

OBEN: Werbung mit Pfeil: Plakat zur Sonnenbrille mit Enixantosgläsern

UV-PANIK!
DIE GEBURTSSTUNDE DER SONNENBRILLE

Die Brille wird zum Alleskönner. Sie verschafft zu Beginn des 20. Jahrhunderts nicht nur Durchblick durch scharfes Sehen, sondern rückt auch den Schutz der Augen in den Fokus der Entwickler. Um 1900 kursierten Medienberichte, wonach ultraviolette Strahlen schädlich sein könnten. Die Sonne wird zur Gefahr. Es herrscht UV-Panik. Die Wissenschaft hat alle Mühe, die Gemüter zu beruhigen. Das Risiko bestünde schließlich nur bei extremer Sonnenstrahlung, in den Bergen, im Schnee, in der aufstrebenden Luftfahrt. Das Krisenmanagement der Wissenschaft funktioniert aber nur bedingt. Es kommt heraus, dass keineswegs nur UV-Strahlung schädlich ist, sondern jede übertrieben kräftige Strahlung an sichtbarem Licht und selbst an unsichtbarer Wärmestrahlung (Infrarot) – richtig beruhigend ist all das nicht.

Rodenstock macht aus der Not eine Tugend und konstruiert daraufhin Gläser, die diese schädlichen UV-Strahlen vom Auge fernhalten (sogenannte Fieuzal-, Enixantos-, Euphos- und Hallerauer-Gläser), später setzt eine neuartige, vom Enixantos abweichende Zusammensetzung des Glases, das Hygalglas, neue Maßstäbe im Lichtschutz. Der modernen Sonnenbrille ist der Weg geebnet.

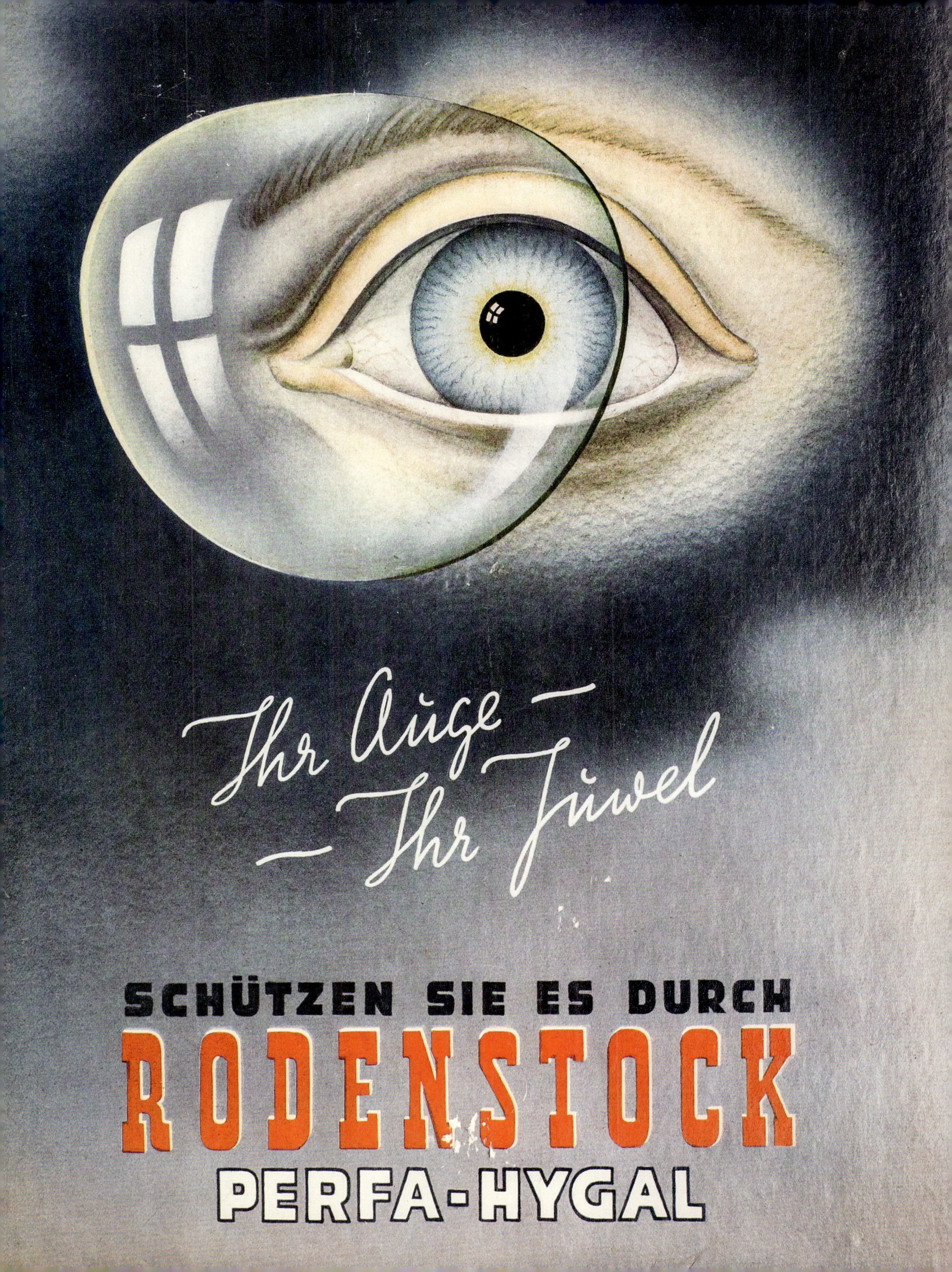
Ihr Auge –
– Ihr Juwel
SCHÜTZEN SIE ES DURCH
RODENSTOCK
PERFA-HYGAL

ÄSTHETISCH EINWANDFREI

Die Gleichung lautet: Gut sehen = Gesund sehen. Fehlt nur noch: Gut aussehen. Die Brille soll kleidsam sein und die Persönlichkeit des Trägers unterstreichen. Das jedenfalls fordert 1917 der Brillenexperte Fritz Hansen in seinem Fachbeitrag „Brille und Kneifer" und liefert gleich einen ersten Styleguide mit: „Nur runde Gläser, ohne Fassung, ein schmaler Steg und möglichst feine Bügel, so präsentiert sich die moderne, optisch und ästhetisch einwandfreie Brille. Durch das Fehlen der Fassung für die Gläser und dadurch, dass Steg und Bügel möglichst dünn und leicht hergestellt werden, ist erreicht, dass die Brille äußerst bequem zu tragen ist und das Gesicht nicht verunstaltet."

RECHTS: Produktinformation für Rodenstock Perfa-Punktuell Brillenglas

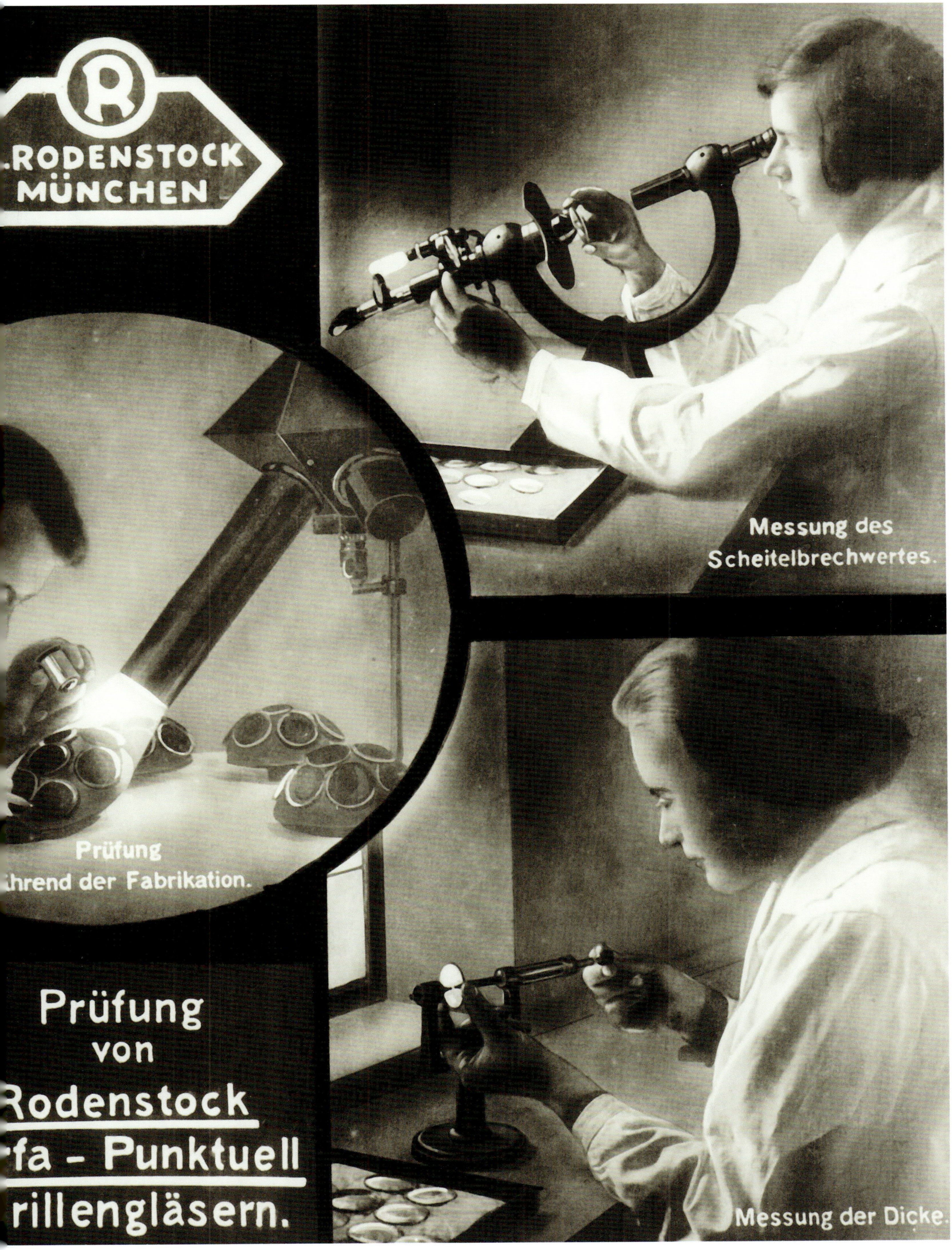
R
.RODENSTOCK
MÜNCHEN
Messung des
Scheitelbrechwertes.
Prüfung
ährend der Fabrikation.
Messung der Dicke.
Prüfung
von
Rodenstock
fa - Punktuell
rillengläsern.

Rodenstock

DIE 1920er-JAHRE – ABENTEURER UND EIN GOLDENES ZEITALTER

Den Ersten Weltkrieg als „reinigendes Gewitter“ vor dem Aufbruch in eine bessere Zeit zu erleben, ist trotz aller anfänglichen Euphorie gehörig schiefgegangen. Am Ende liegt halb Europa in Trümmern, die utopistischen Vorstellungen sind zerstoben, Staats-, Wirtschafts- und Gesellschaftsordnungen grundlegend in Frage gestellt. Wenn wir heute trotz der damals schwierigen Zeiten von den „Goldenen 20ern“ sprechen, verbindet sich damit gesellschaftlich und kulturell immer auch ein ungeheurer Hunger auf Leben, Modernität und Genuss.

LINKS: Werbeplakat für die Theatergläser Aldon und Eldis. In den 1920er-Jahren brachte Rodenstock zahlreiche neue Ferngläser für Theater, Sport, Touristik und Jagd auf den Markt.

Mitarbeiter der „Optik"
in Regen, 1912

1930er

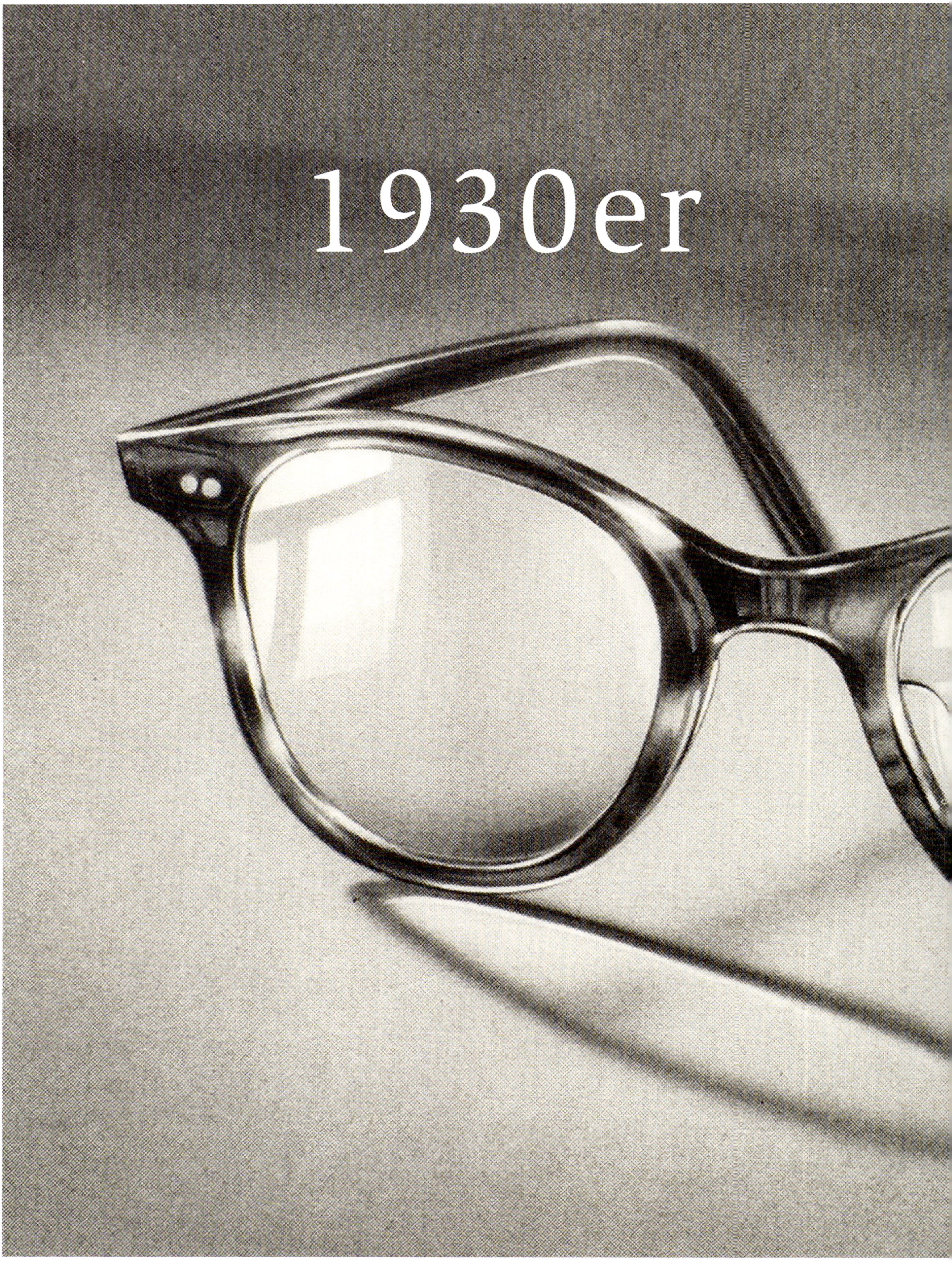

Automobil - Brillen.

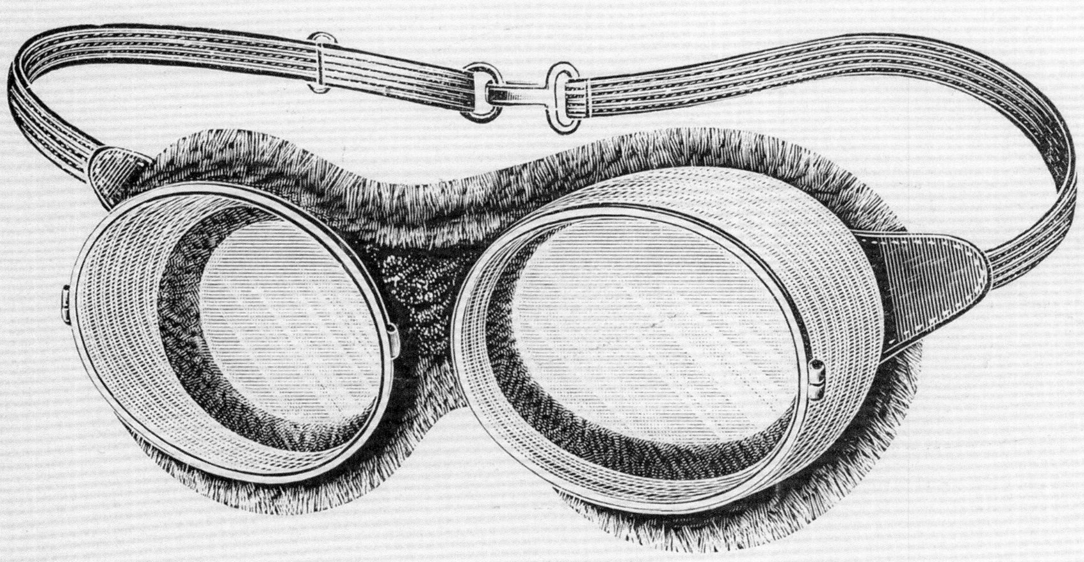

Hochfeine Automobil - Brillen

m. federndem Klapp-Gläserkorb aus ventilierendem Seidengewebe mit Chenillebesatz.

Fabrik-Nr.	Beschreibung	Pro Dutzend
3850	Mit *weissen Gläsern*	ℳ 16.—
3851	„ „*Hygat*"-*Gläsern*, Färbung II (mittel)	„ 46.—
3852	„ *Prima gelbgrünen Enixantos-Gläsern*	„ 31.—
3853	„ *gelbgrünen Enixantos-Gläsern* IIa	„ 23.—

SCHICK INS GROSSE ABENTEUER

Anfangs bewegt man sich beim Motorsport mit dem Flugzeug und dem Automobil noch überwiegend im offenen Cockpit – Schutzbrillen sind daher wie beim Motorradfahren eine Notwendigkeit und werden rasch zu einem Accessoire, das wie kaum ein zweites für Sportlichkeit, Modernität und Abenteuerlust steht.

Rodenstock bringt bei solchen Schutzbrillen von Anfang an Funktion und Form in edler Weise zusammen und legt ein umfangreiches Sortiment an „Kraftfahrer-, Flieger, Radfahrer- und Schutzbrillen“ auf. Autobrillen sind etwas Besonderes und „schick“. 1923 bietet Rodenstock sie etwa mit „federnden Körben aus Wolltrikot mit Chenille-Besatz und Gummiband mit Schließe“ an.

Das Auto, das Motorrad und das Flugzeug stehen sinnbildlich und praktisch für den Aufbruch und die Lust, die persönlichen Grenzen zu verschieben. Dies macht auch vor dem klassischen Geschlechterrollenbild nicht halt. Es sind mutige Frauen, wie die Amerikanerin Ruth Law mit ihrem „Flying Circus“ oder Thea Rasche, die Mitte der 1920er-Jahre bei Kunstflugwettbewerben als einzige Pilotin Fliegerstars wie Ernst Udet Paroli bietet, die mit ihrer Interpretation von Weiblichkeit ihrer Zeit lange voraus sind. Mit Lederhaube und Schutzbrille sind sie Ikonen eines neuen Abenteuertums.

In den 1920er-Jahren finden die ersten Damen-Autorennen in Europa statt. 1923 stellt die Österreicherin Olga Frühwald mit einer Spitzengeschwindigkeit von 86 Stundenkilometern auf einer Strecke von 1300 Metern einen Rekord auf. Die Irin Fay Taylor ist in dieser Zeit bereits eine der größten englischen Rennfahrerinnen. Die „Queen of Speedway“ bereist die ganze Welt, bis diese Rennen für Frauen verboten werden.

Hinzu kommen gefütterte Ledereinfassungen mit Chenille-Besatz und Schutzdach gegen Sonne und Regen. Frau von Welt trägt die Damen-Autobrille aus Rohseide mit Nasenschutz und federnden Körben aus Wolltrikot. Das Ganze soll immer gut aussehen. Hohe Qualität ist dabei aber auch damals schon für Rodenstock eine zwingend notwendige Voraussetzung.

LINKS: Von wegen „ungeheuer“: Maria Teresa de Filippis am Steuer

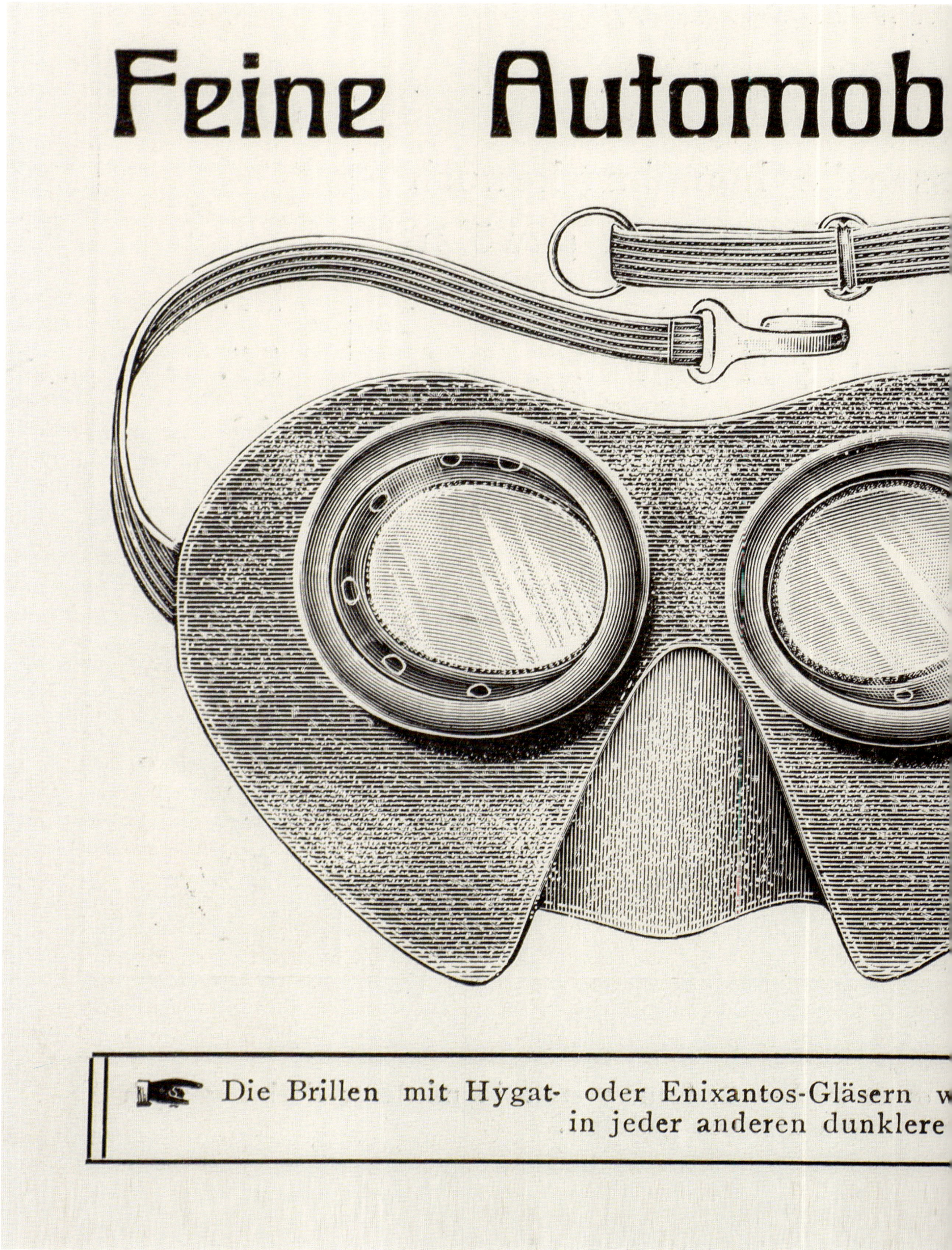
Feine Automob
Die Brillen mit Hygat- oder Enixantos-Gläsern w
in jeder anderen dunklere

- Damen - Brillen

mit grauer Seiden-Maske, sonst wie Nr. 3830.

Fabrik-Nr.	Beschreibung	Pro Dutzend
		M
3840	Mit *weissen Gläsern* . .	33.—
3841	Mit „*Hygat*"-*Gläsern* . .	63.—
3842	Mit *Prima Enixantos-Gläs.*	48.—
3843	Mit *Enixantos-Gläsern IIa*	40.—

en ohne Preisveränderung statt in mittlerer Färbung auch
ler helleren Nuance geliefert.

Die Brillen werden nun auf zunehmend hohe Belastungen ausgelegt, an die Stelle eines verbindenden Scharniers zwischen den Gläsern rückt der starre Doppelsteg, der für einen stabilen und geraden Sitz der übergroßen Gläser sorgt. Als die Cockpits von Flugzeugen und Autos geschlossen werden können, entfällt der seitliche Wind- und Blendschutz. Damit ist der Pilotenbrille mit ihrer klassischen Tropfenform der Boden bereitet. Sie soll später Modegeschichte schreiben. Angefeuert wird der Mythos dieses bis heute unverwüstlichen Accessoires der „Könige der Lüfte“ in der Folgezeit durch allseits beliebte Heldengeschichten von Luftwaffenpiloten und ihren fliegerischen Abenteuern.

MODELL
Florida
Rodenstock

1940er

Rodenstock
QUALITAT
RODENSTOC
MODELL LORD 61.26
Rodenstock

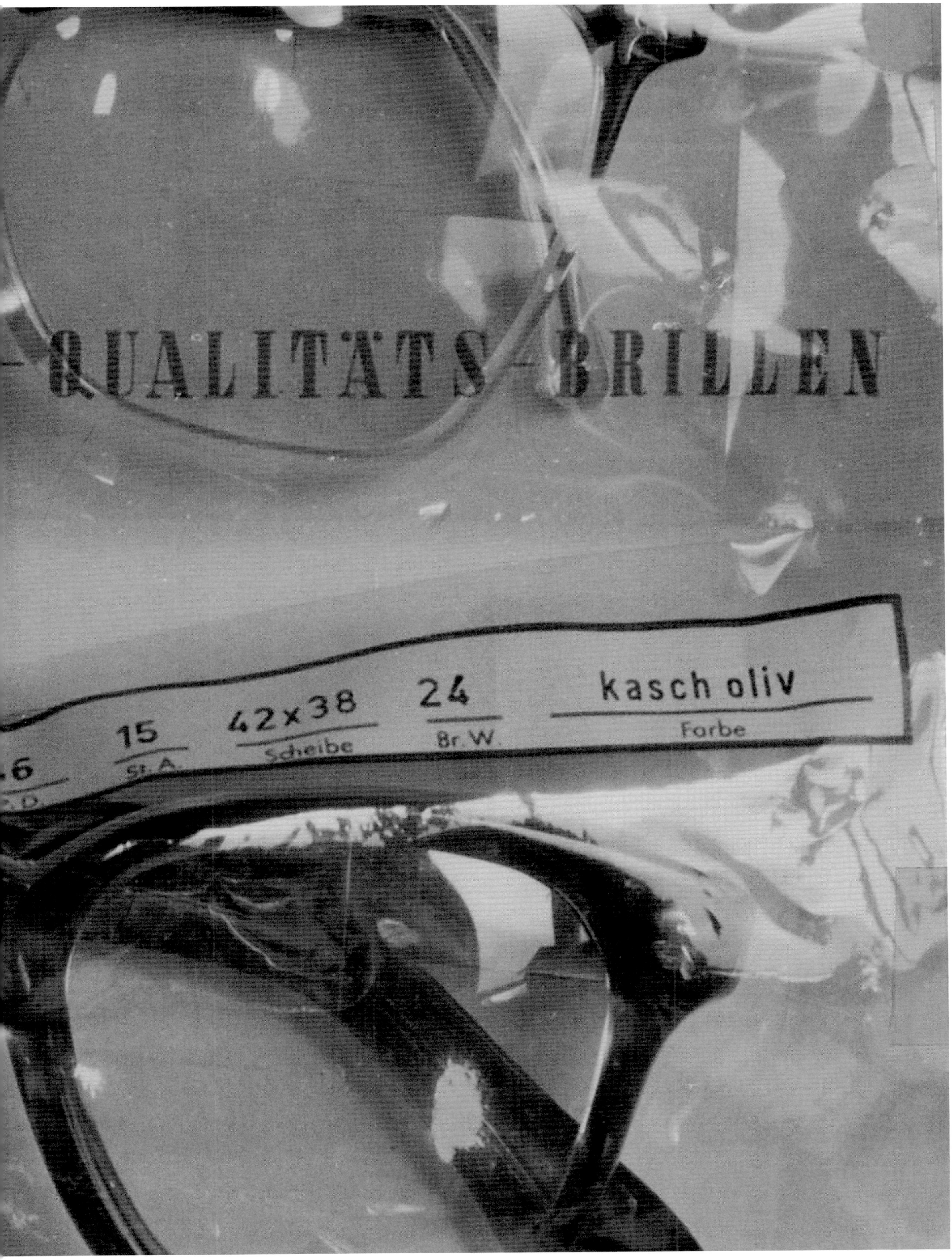
QUALITÄTS-BRILLEN
6
15
St. A.
42x38
Scheibe
24
Br. W.
kasch oliv
Farbe

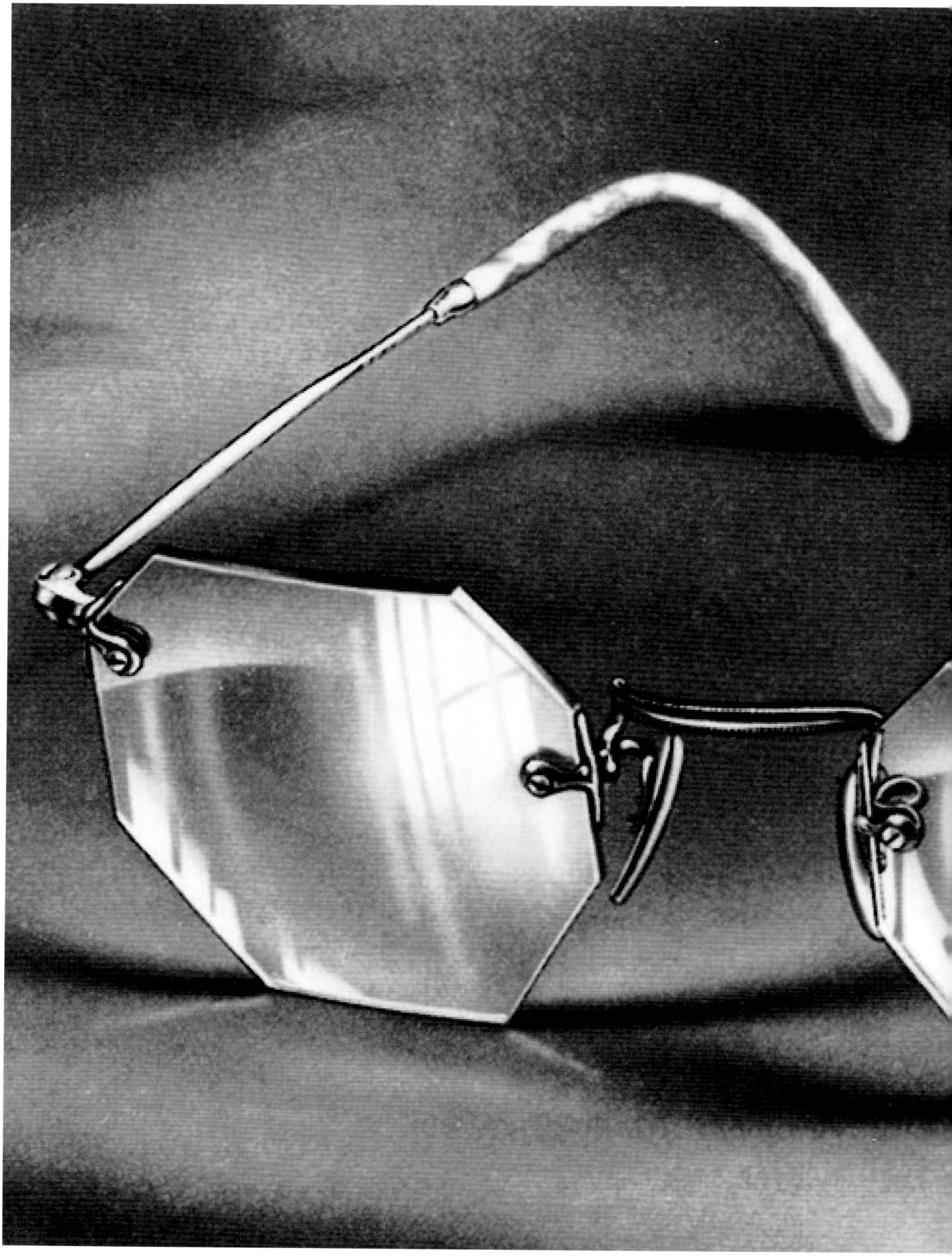

DIE 30er UND 40er: BAHN FREI FÜR NEUE FORMEN

Zu Beginn der 1930er lässt die Weltwirtschaftskrise die Welt den Atem anhalten. Radikale politische und wirtschaftliche Strömungen bestimmen den Zeitgeist. In Deutschland gibt der totalitäre Staat weitestgehend vor, was „en vogue" oder „entartet" ist. Schlechte Zeiten für Kreative und kosmopolite Modeschöpfer. Rodenstock setzt seit Mitte der 30er-Jahre weiter auf Brilleninnovationen. Seitensteg-Brillen sind ab 1935 ein Renner. Die Gestelle werden als Elektro-Doublé und Nickelfassungen veredelt.

LINKS: Seitensteg-Glasbrille mit Hochbacke und gebogener Mittelbrücke, 1935

Eine neue Formensprache ergibt sich zudem durch sogenannte „pantoskopische“ Brillengestelle. Erstmals können bei solchen Modellen die Scharniere oben am Gestell angebracht und somit die Gläser schräg eingesetzt werden, so dass sie sich nach unten zum Gesicht hin neigen. Scharfes Sehen ist nun auch möglich, wenn sich die Blickrichtung von der optischen Mitte des geschliffenen Glases wegbewegt. Nun ist die Brille in der Lage, sich den Gesichtskonturen anzupassen. Bahn frei für Katzenaugen oder gewagte Schmetterlingsformen.

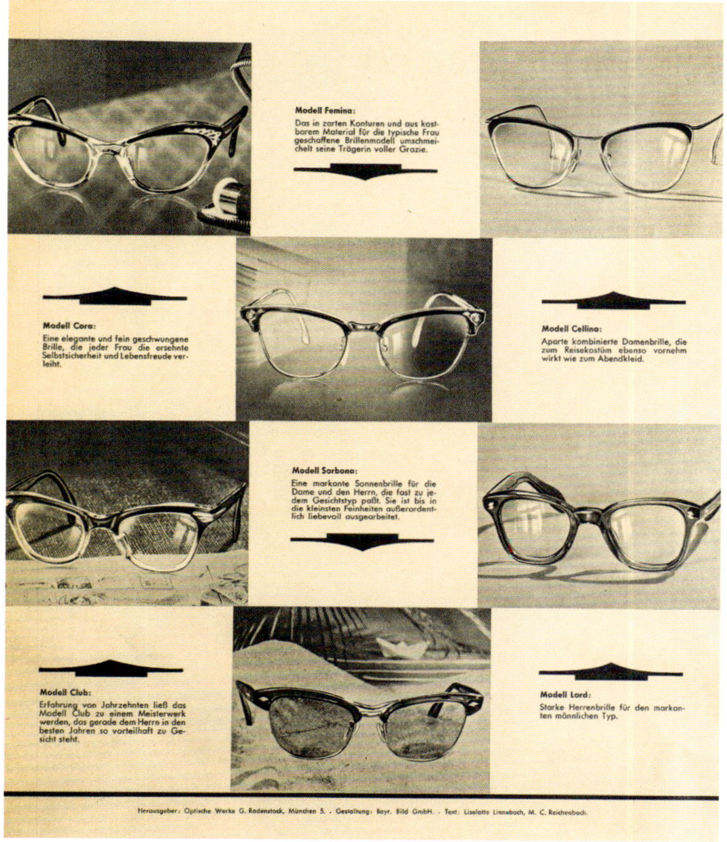

Die Entwicklung der Kunststoffe für den Einsatz bei Brillengestellen hat bereits vor dem Zweiten Weltkrieg Fahrt aufgenommen, ist dann aber wie die Brillenproduktion selbst zum Erlahmen gekommen. Unmittelbar nach dem Krieg greifen die Brillen-Modemacher die neuen Werkstoffe wieder auf. Der Brillen-Experte Moss Lipow nennt die Gründe: Zum einen weil Naturprodukte wie Naturkautschuk, Schildplatt oder Horn rar sind, zum anderen, weil neue Ersatzstoffe aus dem Chemielabor die Palette möglicher Formen „ins geradezu Unermessliche“ erweitern. Synthetische Kunststoffe sollen dabei auch die hohe Entzündlichkeit des bis dahin bevorzugten Zelluloid vergessen machen. Kunststoffbrillen – oft im klassischen Schildplatt- oder Hornlook – avancieren zum „letzten Schrei“.

RECHTS: Modell „Donna“ wurde zum Hingucker an jeder Frau.

RODENSTOCK
MODELL Donna

Rodenstock

1950er

DIE SONNE GEHT AUF: DIE 50ER ZWISCHEN WIRTSCHAFTSWUNDER UND SONNENBRILLEN-BOOM

Mit dem Ende des Weltkriegs und dem Wiederaufbau geht ein ausgeprägter Lebens- und Genusshunger einher. Als die Trümmer weggeräumt sind und das „Wirtschaftswunder“ Fahrt aufnimmt, heißt es in weiten Teilen der Gesellschaft, das Leben in vollen Zügen zu genießen und dieser Haltung auch über die Brillenmode einen nach außen deutlich sichtbaren Ausdruck zu verleihen. Die Brille gibt damit in den 50er-Jahren ihr „Mauerblümchen-Dasein“ auf.

RECHTS: Im Krieg zerstört: das Rodenstock Werk in der Falkenstraße

MODELL
Femina
mit Doublé-Brücke

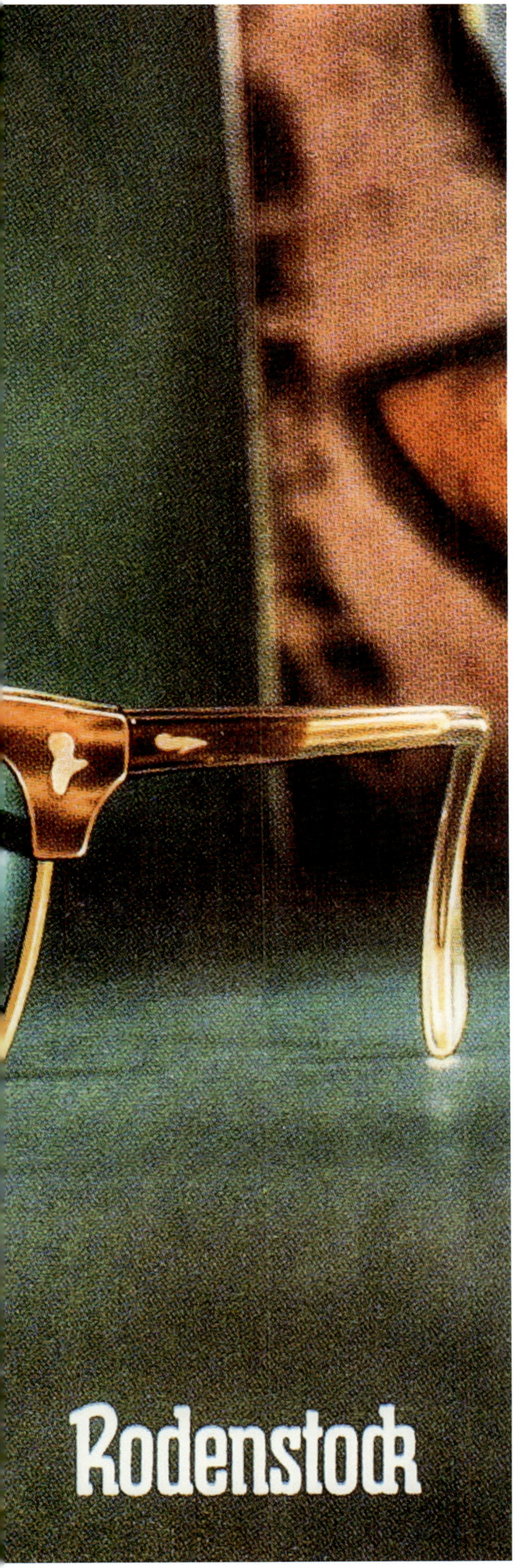

1950er

Rock ’n’ Roll, Petticoats, Roller und Motorradfahren faszinieren die Jugend. Elvis Presley, James Dean, Marlon Brando, Marilyn Monroe und Audrey Hepburn sind Stilikonen. Hollywood inszeniert dazu ein Lebensgefühl, das wie ein Wirbelsturm über den Globus zieht.

Rodenstock
Sonnenbrillen
mit Perfa-Color-Gläsern

SPRECHENDE AUGEN: MIT DER BRILLE PER DU

Bei Rodenstock ist die Brille nun keine bloße Nummer mehr. Um ihren Charakter zu unterstreichen, bekommen die Gestelle anstelle einer nüchternen Ziffernfolge fortan Namen. Der Fantasie sind dabei keine Grenzen gesetzt. Das Blättern in Rodenstock-Katalogen könnte jungen Eltern in dieser Zeit helfen, die gerade aktuell angesagtesten oder besonders ausgefallenen Namen für ihren Nachwuchs zu finden. Zum Beispiel Regina, Ronica, Gemma, Donna, Elfa, Femina, Elfina, Diora, Piccola, Rodina, Aldina, Cellina, Beate, Celia, Karina, Madeleine oder Ini. Oder aber Herold, Knut, Umberto, Gero, Curt, Gerwin, Manuel, Markus, Michael oder Egbert.

1960er

DIE WILDEN 1960er-JAHRE

Reichte es in den 50ern noch, die Wirtschaftswunder-Gemütlichkeit modisch zu highlighten durch etwas Gel im Haar, eine Lederjacke und mutmaßlich obszöne Hüftbewegungen zu Rock 'n' Roll-Akkorden, so fahren Fashionistas der 60er-Jahre schon andere Geschütze auf. Die Röcke werden für viele Zeitgenossen schon unanständig kurz, „die Pille" verheißt eine neue sexuelle Freiheit. Die Haare der Männer sprießen erst zu Pilzköpfen, bis sie zu kaum zu bändigenden Wirbelstürmen auswachsen. Bewusstseinserweiterung geht in Kunst und Mode einher mit einem schier grenzenlosen Spiel mit psychedelischen Farben.

Während sich die Hippie-Mode in den Second-Hand-Läden im Stil der Jahrhundertwende inspirieren lässt, wird die Brille zum Lieblingsobjekt der Designer und Stilikonen. Die gute alte Nickelbrille erfährt eine Renaissance, John Lennon ist das Gesicht dieser Wiederauferstehung. Der Formenreduktion steht als krasses Gegenteil eine nahezu grenzenlose Verspieltheit eines Pop-Art-inspirierten Designs gegenüber. Schachbrettmuster, Kreise, parallele und aufeinander zulaufende Linien, dreidimensionale Effekte – bei Brillengestellen ist jetzt alles möglich.

Die 60er trieben es bunt

Rodenstock
Sonnenbrillen im Stil der jungen Mode
Fotografiert in Bangkok

RONALD „ROCCO“ REAGAN

Rodenstock schlägt 1963 mit der rocco-Kollektion ein ganz eigenes Kapitel auf und setzt einen eigenen Trend. Kennzeichen ist die markante Hornfassung, die zum Kultobjekt avanciert. Ronald Reagan – damals noch einer der angesagtesten Schauspieler Hollywoods – erklärt die rocco zu seinem Lieblingsmodell, bestellt eine Vielzahl dieser Fassungen und macht seine Fans gleich mit zu rocco-Fans. Mit der rocco, das ist nicht zu übersehen, spielt Rodenstock modisch in der ersten Liga. Den Schwerpunkt legt das Unternehmen allerdings weiter auf klassisch-charakteristische Modelle. rocco gerät darüber wieder in Vergessenheit. Bis zur spektakulären Wiederentdeckung in den 90ern.

LINKS: rocco „Ur-Shape“

1970er

Die Brillenmodeaufnahmen der 70er waren farbenfroh und spiegeln einen ungebannten Experimentiergeist wider.

Rodenstock

DIE 70er- UND 80er-JAHRE: ZWISCHEN GLAM-LOOK UND RETRO

Die Mode- und Design-Experimentierfreude der 60er kommt in den 70er- und 80er-Jahren ins Stocken. Über die Ursachen lässt sich nur spekulieren. Waren es zu viele Reize, zu viele modische Wechsel, zu krasse stilistische Brüche in zu kurzer Zeit?

NUR FÜR JUNGE DAMEN? ABER NEIN!

Rodenstock setzt bei jungen „flotten“ Männern beispielsweise auf „Carlton, die Gold-Doublé Brille in günstiger Preislage für junge Leute“. Das „Modell Coralle“ sei „ansprechend in der Form, zierlich und leicht“. Zum guten Ton von Rodenstock gehört vor diesem Hintergrund wohl auch die wohltemperierte, gepflegte Werbesprache, die Marketiers von heute wohl eher ein Schmunzeln auf die Lippen lockt: „Nur für junge Damen? Aber nein – was derart flott wirkt, kann von allen Damen getragen werden.“

MODELL CARLTON
Elegant, leicht — und doch männlich. Ein anspruchsvolles Modell aus hochwertigem Golddoublé.

MODELL MAYA
Sportlicher Chic, modische Form,
geschmackvolle Farben — das ist Maya!
Äußerst stabil — und doch federleicht.

MIT DER SONNE IM BUNDE

Ein Meilenstein in der Augenoptik: fototrope Gläser, deren Eindunkelung vom Lichteinfall gesteuert wird. 1968 hatte Rodenstock als erster Hersteller Europas das Colormatic Brillenglas auf den Markt gebracht. Hightech vom Feinsten: „Der Glasmasse werden UV-empfindliche Teile – sogenannte Silberhalogenide – zugesetzt, die durch eine spezielle Temperaturbehandlung bei der Glasschmelze kristallartige Strukturen bilden. Die im Tageslicht enthaltene UV-Strahlung setzt winzige Silberpartikel frei, die das Glas bei Sonnenlicht eindunkeln. Das ‚sichtbare' Licht wird teilweise absorbiert. Bei geringer oder fehlender UV-Bestrahlung (Dämmerung oder Innenraum) bilden sich die Silberpartikel in farbloses Silberhalogenid zurück. Das Colormatic-Glas wird wieder hell."

OBEN: Die ersten selbsttönenden Sonnenbrillen waren geboren!

Junge Linie-Modelle
machen alles mit.
Sie sitzen hervorragend.
Auch bei aktiver, sportlicher
Freizeitgestaltung.
Sie sind superleicht.
Und das Design stimmt auch.
Rodenstock
Junge
Linie
Vier neue Modelle
April '83
JANE FONDA'S
WORKOUT BOOK
by Jane Fonda
Rodenstock
Qualität vor Augen

1970er

Aber es geht auch zeitgeistiger. Etwa 1979: „Lights! Action! Sound!“ Young Look von Rodenstock gibt es mit dem gerade mächtig angesagten Disco- und Dirty-Dancing-Feeling. 1983 macht Jane Fonda der Gesellschaft mit Aerobic und Joggen Beine. Die Botschaft von Rodenstock: „Junge Linie-Modelle machen alles mit. Sie sitzen hervorragend. Auch bei aktiver, sportlicher Freizeitgestaltung. Sie sind superleicht. Und das Design stimmt auch.“
Die Sonnenbrille wird zum Ausdrucksmittel der eigenen Persönlichkeit.

Brillenspaß für junge Leute – egal welcher Look.

INNOVATIV ÜBER ALLE BERGE

Grenzerfahrung in hochfunktionale Brillenmode einfließen zu lassen, ist in den 70ern Teil der Markenkommunikation. Es ist die Zeit der großen Bergexpeditionen. Die Achttausender sind erklommen, nun geht es um die Wegfindung schwierigerer Routen auf die höchsten Berge der Welt: die Annapurna Südwand, die Rupalwand am Nanga Parbat oder die Südwestwand am Mount Everest. Abenteurer wie Reinhold Messner ziehen die Menschen in ihren Bann und werden zu Idolen für die Massen.

RECHTS: Albert Bitterling 1953, Nanga Parbat Expedition

Den Optischen Werken G. Rodenstock
mit herzlichem Dank!
Albert Bitterling
Nanga Parbat-Expedition 1953

Aus dem Himalaya berichtet die Bergsteigerlegende Karl-Maria Herrligkoffer von den Erfahrungen der Expeditionsteilnehmer mit den Rodenstock-Brillen in Hitze und Staub sowie in reflektierenden Schneeregionen: „Die Anpassfähigkeit des Glases an die unterschiedlichen Lichtverhältnisse wurde allgemein bewundert und als technischer Fortschritt anerkannt. Dazu kamen die besonders leichte Ausführung und das auch für die Bergsteiger nicht unwichtige elegante Aussehen."

Deutsch-österreichische Kangchendzönga-Expedition 1975

Toiletten
Toilets
RESTAURA

Zu Forschungszwecken rüstet Rodenstock Expeditionen mit Sonnen- und Gletscherbrillen aus, die mit speziellen Perfalit-, Photosolar-, Colormatic- und Sicherheitsgläsern ausgestattet sind. Der Hindukusch, der Nanga Parbat, das Nördliche Patagonische Eis und Grönland werden zu Forschungslaboren mit Härtetest-Bedingungen. Dazu führt beispielsweise 1975 die deutsch-österreichische „Kantsch"-Expedition elf top Alpinisten auf den 8603 Meter hohen Kangchendzönga im Himalaya.

LINKS: Teilnehmer der Expedition in alphabetischer Reihenfolge: Gerd Baur, Michael Dacher, Josef Mayerl, Günter Sturm, Peter Vogler, Helmut Wagner, Rolf Walter und Friedrich Zintl

1980er

Rodenstock
Brillen
Modell
Corella

Der Glam-Look rückt an die Stelle des Hippie-Style. Seine Aushängeschilder sind Musiker von den frühen Punks bis hin zu den New York Dolls, von Kiss bis zu Elvis Presley in seiner finalen Las-Vegas-Ära. Möglich wird all dies durch neue Materialien, wie das gießformfähige Optyl, oder einen innovativen Materialmix. Rahmen aus Kunststoff, Bügel aus Metall oder umgekehrt, sowie neue Metalllegierungen und -veredelungen bestimmen auch abseits der großen Bühnen das Brillengeschehen.

Titanfassungen gelten als echte Revolution der 80er-Jahre und lösen immer öfter Acetat- und Buntmetall ab. Gleichzeitig wird im schnelllebigen Fashionbereich das Gesamtkonstrukt Brille – Fassung – Glas dynamischer und individueller. Hersteller sehen sich dabei vor ganz neue Anforderungen an Produktion und Prozessstabilität gestellt. In diesem Zuge entwickelt Rodenstock Anfang der 80er-Jahre eine exklusive Hochleistungs-Polyamid Spritztechnologie für Brillenfassungen maßgeblich weiter.

RECHTS: Die Supersonic-Sonnenbrillen mit verspiegelten Sonnenschutzgläsern

Rodenstock
SONNENBRILLEN

eutsche Ski-Nationalmanns
t Rodenstock Sonnenbrillen

Optisch geschliffene Rodar-Color-Sonnenschutzgläser schützen bei grellem Sonnenlicht und ultravioletter Strahlung, etwa am Meer oder im Gebirge. Erkennbar wird sie durch einen kleinen Trick: „Hauchen Sie einfach das Glas Ihrer Sonnenbrille an! Sie werden dann für kurze Zeit ein kleines Zeichen ‚ROD' erkennen: Garantie für das hochwertige Sonnenschutzglas von Rodenstock."

In der Werbung dieser Zeit hört sich das so an: „Attraktive Formen und neue Farben passen ideal zur jugendlichen Mode unserer Zeit. Die Rodenstock-Sonnenbrille vermittelt sportliche Eleganz und betont Ihr gepflegtes Aussehen." Darauf fahren auch die Deutsche Ski-Nationalmannschaft um „Gold-Rosi" Mittermaier und die deutsche Olympiamannschaft bei den Spielen von Seoul 1988 ab.

V.l.n.r.: Max Rieger, Pamela Behr, Rosi Mittermaier, Christian Neureuther und Traudl Treichl

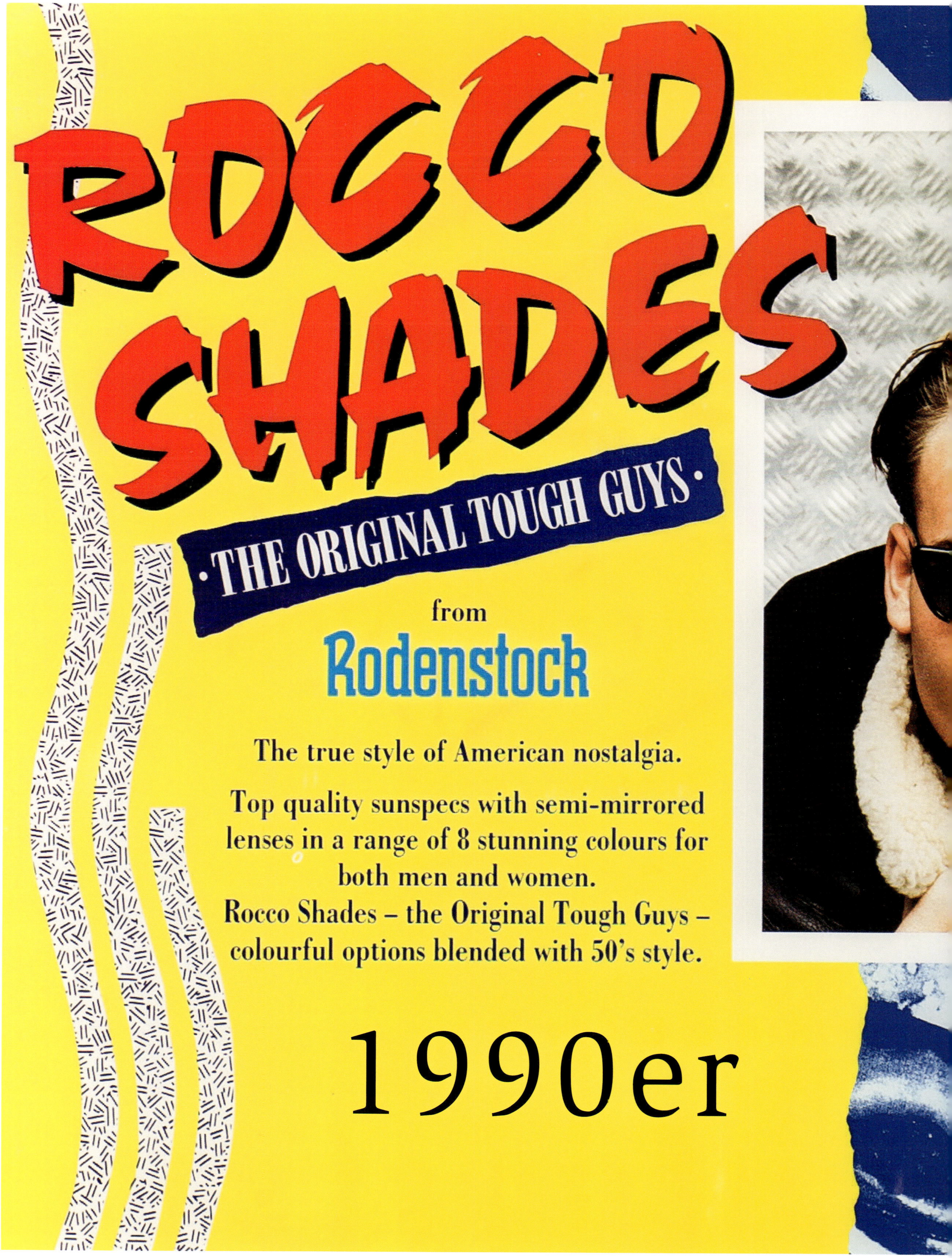
ROCCO SHADES
·THE ORIGINAL TOUGH GUYS·
from
Rodenstock
The true style of American nostalgia.
Top quality sunspecs with semi-mirrored lenses in a range of 8 stunning colours for both men and women.
Rocco Shades – the Original Tough Guys – colourful options blended with 50's style.

1990er

GLN839

AUF DEM SPRUNG INS 21. JAHRHUNDERT: DIE COOLEN 90er UND DER SIEGESZUG DER MARKE

Mit einer Qualitätsoffensive bringen sich Augenoptikfabrikanten erfolgreich gegen die großen „Fashion Eyewear"-Brillenmarken der Drogerieketten in Stellung. Möglich wird dies mit Lizenzen von Markendesignern, die das Rennen um die Käufergunst bei den Accessoires für sich entscheiden wollen.

Von ausgeprägtem Markenbewusstsein zeugt dabei, dass Rodenstock erstmals 1991 das Logo R einführt, es dient nicht zuletzt auch als ein sicherer Herkunftsnachweis (der seit 2011 mit Lasertechnologie für das bloße Auge nicht sichtbar in der oberen rechten Ecke des Brillenglases integriert wird).

Damals wie heute – das unverkennbare Markenzeichen von Rodenstock

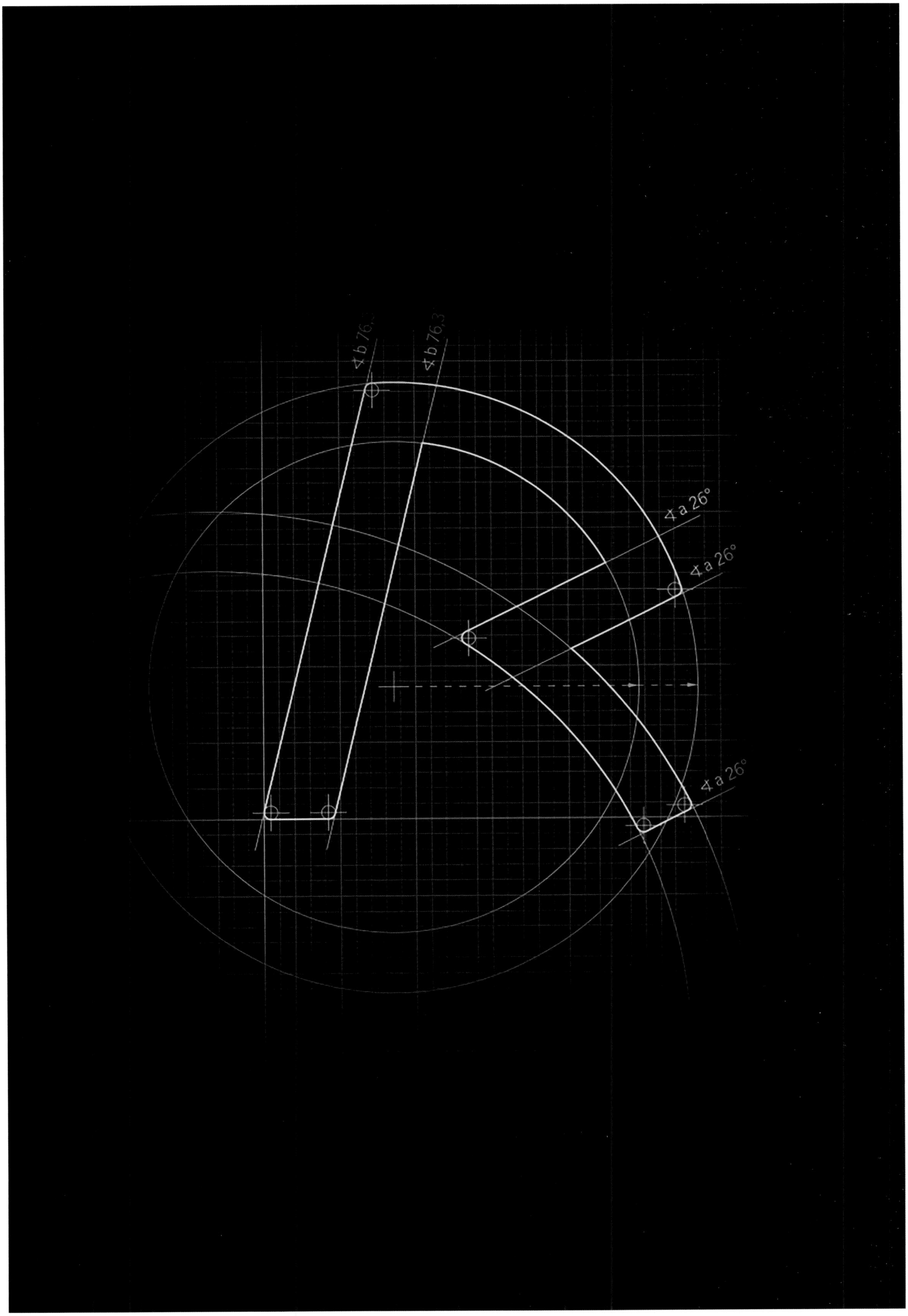
∢ b 76,
∢ b 76,3
∢ a 26°
∢ a 26°
∢ a 26°

MIT DER LIZENZ ZUM GEWISSEN ETWAS

Die Pressepräsentation im mondänen Schloßhotel Bühlerhöhe im Hochschwarzwald gerät mit dem Maestro selbst zum großen Lagerfeld-Gesamtkunstwerk. Zur Premiere hat er eigens Lunettes-Skulpturen nach Themen aus der Modewelt kreiert, die Fassungskollektion lässt er die Medienvertreter „am lebenden Objekt" studieren. Die Kellnerinnen und Kellner tragen sie über den ganzen Abend und demonstrieren dabei zugleich die Alltagstauglichkeit der Brillenmode.

Mit Karl Lagerfeld und den von ihm designten „Lunettes" setzt Rodenstock auf „Tragbare Extravaganz". Die „Stars" der KL-Kollektion sind acht Korrektionsfassungen und vier Sonnenbrillen aus Titan und exklusiven Spezialkunststoffen. Eine davon erscheint in einer limitierten Sonderauflage mit dem Namen „Malewitsch", benannt nach einem russischen Maler und Kunsthistoriker, der von 1878 bis 1935 lebte. Heute sind dies kostbarste Sammlerstücke.

Die „Lagerfeld"- Brillenfassungen mit eingravierter Unterschrift

SPEAKER MIC
CHANNEL SELECTOR SWITCH

ROCCO: ZWISCHEN ROCK 'N' ROLL, REVOLUTION UND LIEBE PUR

In den 90ern kehrt rocco, die Kultmarke der 60er, erstmals wieder zurück. Besonders für den englischen Markt setzt Rodenstock mit rocco-Shades auf den Retro-Look.

Nicht nur die stylischen Brillen mit ihrem charakteristischen starken Rahmen sind ein Hingucker. Auch die neuen rocco-Verkaufsschachteln haben es in sich. Ihre Botschaften greifen noch einmal das Lebensgefühl der 60er auf. „All things change", heißt es da: „Die ‚Roaring Sixties' haben die westlichen Zivilisationen aus ihrem Winterschlaf gepustet. Auf einmal war alles ‚Sex and Drugs and Rock 'n' Roll'. Alles verändert sich. rocco bleibt – rocco. Ein Eyecatcher und ein kultureller Meilenstein." Ganz schön selbstbewusst!

Auch die Anti-Baby-Pille ist für rocco ein tauglicher Retro-Reminder. „‚Make Love' wurde der Kriegsschrei der Revolution, der bis in alle Schlafzimmer hallte. Die Nacht zuvor konnte seither auch am nächsten Morgen genossen werden. Rocco für Männer und Frauen."

Ganz schön frech auch die Werbung mit der Mao-Bibel: „Das erfolgreichste Taschenbuch der Welt stand für das Lebensgefühl der 68er – zumindest für eine Weile, rocco marschiert weiter, in dem sie den Menschen weiterhin die Welt in einem neuen Licht zeigt."

Wiederbelebt – rocco in seinen neuen Formen und Farben

Kapitel 3

TOP VIEW

Eine filmreife Story

LEINWANDHELDEN UND FILMDIVEN: AUF DEN ROTEN TEPPICHEN DER 50er UND 60er

Ab jetzt sind die Stars der Leinwände allgegenwärtig – in Wochenschauen, Zeitungen und Zeitschriften: Asta Nielsen, Lil Dagover, Marlene Dietrich, Charlie Chaplin, Buster Keaton, Emil Jannings, Rudolph Valentino, ... Die Fans wollen alles über sie wissen. Hollywood und Babelsberg, Stars und Sternchen avancieren zu eigenen Medienmarken und rücken in den Mittelpunkt einer bunten Berichterstattung mit Glamour, Skandalen und Skandälchen auf den roten Teppichen von Beverly Hills, an der Cote d'Azur, in Paris, London, Berlin und Wien. Stars und Fashion werden eins, Brille und Mode fließen zu Brillenmode zusammen.

RECHTS: Ob Sabine oder Sybille – Fashion auf der Nase von Elke Sommer

Rodenstock
Modell
SABINE
Elke Sommer

Senta Berger

Senta Berger

In den 50er- und den frühen 60er-Jahren prägen die Heldinnen und Helden der Leinwand das Gesicht einer ganzen Epoche. Superstars wie Marilyn Monroe, Elizabeth Taylor, Grace Kelly, Audrey Hepburn, James Dean, Richard Burton, Paul Newman oder Humphrey Bogart werden zu Stilikonen der westlichen Welt.

Rodenstock entdeckt die Werbung mit Stars zu einer Zeit, als deren Nimbus auf dem Höhepunkt ist und diese unangefochten im Mittelpunkt der High-Society stehen. Dem damaligen Rodenstock-Werbeleiter M.C. Reichenbach gelingt ein echter Werbe-Scoop. Für die neue Rodenstock-Werbelinie gewinnt er Ende der 50er absolute Topstars als Testimonials und Fotomodels. Das Unternehmen wendet sich nun über Werbeanzeigen in Illustrierten wie *Quick*, *Stern*, *Kristall* oder *Madame* direkt an die Endverbraucher. An die Stelle der nüchternen Produktinformation rückt in dieser neuen Werbestrategie nun das Image der Marke.

LINKS: Top-Brillengesicht: Schauspielerin Senta Berger

Curd Jürgens

Gemeinsam mit dem bekannten Filmproduzenten und Starfotografen Ivo Bulanda bekommt Reichenbach das „Who is Who“ der damaligen Filmwelt vor die Kamera: Sophia Loren, O.W. Fischer, Gina Lollobrigida, Curd Jürgens, Brigitte Bardot, Dieter Borsche, Senta Berger, Elke Sommer, Carl Möhner, Nadja Tiller ...

Es geht ihnen nicht mehr allein nur darum, die Rodenstock-Brille als qualitativ hochwertiges Gesamtprodukt anzupreisen, sondern darum, Marke und Image zu vereinen und die „Brille als ein modisches Accessoire“ zu platzieren, das die modebewusste Persönlichkeit unterstreicht.

Der Starfotograf Ivo Bulanda inszenierte VIPs für Rodenstock.

Curd Jürgens
Rodenstock
Modell
Corsar
Foto Bulanda

Rodenstock
Sonnenbrillen
mit Perfa-Color-Gläsern
Marianne Koch

Marianne Koch

Curd Jürgens setzt mit Rodenstock beispielsweise auf das „männlich markante Modell Sorbona". Die weibliche Variante dieses Modells macht auch Sophia Loren auf Plakaten populär. Und Austrias Ski- und Kino-König Toni Sailer fährt 1966 auf das Modell „Parsenn" ab (ungeachtet dessen, dass das gleichnamige Skigebiet in der Schweiz liegt). Marianne Koch stellt fest: „Meine Sirona ist mir ein unentbehrlicher Wegbegleiter geworden, auf allen Reisen, beim Sport, bei der Gartenarbeit und natürlich beim Filmen im Atelier, die augenschonenden Perfa-Color-Gläser sind so überaus wohltuend."

Marianne Koch geht ohne ihre „Sirona" gar nicht aus dem Haus.

SKANDAL! BRIGITTE BARDOT: ICH BRAUCHE KEINE BRILLE

Gar nicht wohltuend entwickelt sich allerdings die Zusammenarbeit mit Brigitte Bardot. Ivo Bulanda lichtet die B.B. mit unterschiedlichen Rodenstock-Brillen ab. Da heißt es im Text: „Brigitte Bardot liebt das Besondere – das Modell Sirolux hat Eloxalbügel und Eloxal-Schmuckbacken.“ Ein anderes Motiv zeigt sie mit dem Modell Rodina/Rodinette. Der Text dazu: „Brigitte Bardot mit einem Modell aus dem Hause Rodenstock: interessant und ein klein wenig verspielt wie sie selbst.“

Dabei will die Diva gar nicht spielen, sondern handfest streiten. Am 9. Juni 1960 macht die BILD-Zeitung mit einem „Skandal“ auf: Brigitte Bardot: „Ich brauche keine Brille“. Die Fotos von Ivo Bulanda seien Fälschungen, behauptet die Diva und bringt ihre Rechtsanwälte in Stellung. Dazu die BILD: „Die BB hatte zuvor schon gegen eine Büstenhalterfabrik und eine Selterswasserfirma ihre Prozesse verloren.“ Am Ende der medialen Aufgeregtheiten landet der „Skandal“ ergebnislos bei den Akten.

LINKS: Original Bardot-Brille, noch heute im Rodenstock Archiv verwahrt

Trotz TEMPO 80 an Rhein und Ruhr:

18 Tote mehr als im Vorjahr

rh. Düsseldorf, 7. Juni

Erschreckende neue Zahlen veröffentlicht das Innenministerium Nordrhein-Westfalens. Über Pfingsten wurden trotz Feiertagstempo 80 allein an Rhein und Ruhr bei Verkehrsunfällen 46 Menschen getötet, 565 schwer und 1420 leicht verletzt! Das sind 18 Todesopfer mehr als im Vorjahr. Damit steht vorläufig folgende traurige Bilanz „Pfingsten 1960" fest: 121 Menschen ließen auf bundesdeutschen Straßen ihr Leben (im Vorjahr etwa 100).

BRIGITTE BARDOT schlägt Krach um Werbe-Plakate einer deutschen Brillen-Firma:

Ich brauche keine Brille!

Firma sagt: Die Bardot hat Vertrag unterschrieben

Paris, 9. Juni

Brigitte Bardot (25) ist böse. „Man hat meine Unterschrift gefälscht", zetert Frankreichs populärster und höchstbezahlter Filmstar.

„Ich brauche keine Brille", sagt die Bardot. Sie erklärte in Paris, ihr Anwalt habe Strafantrag wegen Fälschung ihrer Unterschrift gestellt.

Nach Darstellung der Schauspielerin hatte ein deutscher Photograph im August 1959 in Nizza, wo sie gerade filmte, Aufnahmen von ihr mit Brille gemacht.

Die Münchner Brillen-Firma Rodenstock, die die bebrillten Bardot-Photos in die Schaukästen stellt, weist dagegen einen von BB unterschriebenen Vertrag vor, der die Reproduktion der Brillenphotos gestattet.

BB mit Brille: Eine der deutschen Werbe-Plakate, um die Brigitte Bardot einen Prozeß führt

Sowjets entlarven eigene Lügen

rh. Berlin, 9. Juni

Fortsetzung Seite 6

Staffel der Freiheit: Die Ziele von heute

MODELL RODINA/RODINETTE

Millionen kennen diesen Blick: Brigitte Bardot – und ein Modell aus dem Hause Rodenstock: interessant und ein klein wenig verspielt wie sie selbst. Mit verschiedenen reizvollen Goldschmuck-Verzierungen (Aufn. Bulanda)

Rodenstock
Sonnenbrillen
mit PERFA-COLOR Gläsern
Sophia Loren

Übrigens: Während sich die B.B. ob ihrer Kurzsichtigkeit ziert, wird Sophia Loren zur schönsten „Brillenschlange“ der Welt gekürt. Zu diesem Urteil kommt der Optiker-Verband im britischen Birmingham, als er Mitte der 60er die Liste der „zehn attraktivsten Brillenträgerinnen“ veröffentlicht. „Sophia Loren trägt ihre Brille mit der ihr eigenen Natürlichkeit. Wir glauben, dass die Brille das Gesamtbild dieser ungewöhnlichen Frau positiv unterstreicht“, begründet L.A. Bishop, der Vorsitzende des Optiker-Verbandes, die Wahl. „Warum soll ich einen Hehl daraus machen, dass ich ein bisschen kurzsichtig bin“, kommentiert die so Geehrte vergnügt ihre Wahl.

Sophia Loren ist die attraktivste Brillenträgerin Mitte der 60er-Jahre.

DER SCHLAGER DER 70er: MIT BRILLE UND HERZSCHMERZ

Die Stars lieben aber weiterhin Rodenstock. Katja Ebstein, die Anfang der 70er-Jahre Deutschland beim Eurovision Song Contest gleich zweimal hintereinander mit beachtlichem Erfolg vertritt, schwärmt von Rodenstock-Sonnenbrillen in zarten Pastelltönen wie Malve, Nil, Pink und Rosé – und das mit Riesenscheiben. „Sonnenbrillen gehören heute einfach zur smarten Ausrüstung, sind modische Accessoires“, sagt die Ebstein 1971. „Zum Sonnenflirt als Haarspange-Dekoration eines hübschen Mädchenkopfes, zur modischen Akzentuierung der schönsten Augen – Blickfang der Männerwelt.“

RECHTS: Die Brille in den 70ern – Must-have in der Mode

Sonnenschutzbrillen 1970

Rodenstock

Rodenstock
Modell York
Roy Black

Ein Teilnehmer erinnert sich an das Shooting mit Roy Black im Fotoatelier: „Alles hüpfte aufgeregt um ihn herum. Er saß in der Mitte und grinste. Er war es gewohnt, die Nerven der Mitarbeiter dagegen gingen in die Brüche. Aber es klappte dann doch alles wie vorgesehen." Die Presse-Präsentation im Münchner Stammsitz des Unternehmens gerät dann vollends zur Schwärmerei. Schließlich verzaubert der Schlagerstar in dieser Zeit wie kaum ein Zweiter die Damenwelt. Die Journalisten aus der Yellow Press bombardieren Roy Black daher mit allen erdenklichen Fragen, angefangen von der Hutgröße bis zum Badesalz – die Teenies wollen alles wissen.

LINKS: Auch Roy Black lächelt in den 70ern für Rodenstock.

DIE RASANTEN 70er – AUF DIE PISTE, FERTIG, LOS

Mit Toni Sailer, dem legendären „Schwarzen Blitz aus Kitz“, hat Rodenstock schon in den 60ern Skisportler im Visier. In den 70ern wird daraus ein umfassendes Sportsponsoring. Die Kommerzialisierung des Skisports hat da gerade erst begonnen. Werbung mit Wintersportlern und ganzen Nationalteams steckt noch in den Kinderschuhen, als Rodenstock eine Partnerschaft mit der Deutschen Ski-Nationalmannschaft abschließt.

Das Aushängeschild und „Liebling der Nation“ ist in dieser Zeit Rosi Mittermaier, die „Gold-Rosi“, Doppel-Olympia-Siegerin von Innsbruck 1976 und dreifache Weltmeisterin. Ihre Schwester Evi, Monika Berwein und Irene Epple zählen wie sie zu den ganz Großen des Skizirkus, bei den Männern sind Christian Neureuther, Wolfgang Junginger, Sepp Ferstl und Max Rieger im Kreis der Weltklasse angekommen. Wenn sie im Blickfeld von Fotografen und TV-Kameras durch die graduell verglaste DOMINGO das Geschehen rund um die Rennen verfolgen, ist das heute noch stylisch.

Rodenstock
Sonnenbrillen
Toni Sailer
154 061
LIDO, DENISE

ERTL
DUNLOP

RODENSTOCK IM RENNFIEBER

Mitte der 70er ist Rodenstock nicht nur auf den Pisten, sondern auch auf dem Asphalt sportlich unterwegs. Das Team Schnitzer Rodenstock geht mit seinen Top-Fahrern Harald Ertl, Rolf Stommelen, Walter Röhrl und Klaus Ludwig an den Start. Und das mit richtig heißen Tourenwagen-Boliden von Porsche, BMW und – vor allem mit Blick auf die amerikanischen Märkte – mit einem hochgetunten Turbo-Toyota.

LINKS: Rodenstock gebrandetes Racing Car fährt 2016 noch Rennen.

LIEBESGRÜSSE AUS SEOUL

Vom 17. September bis 2. Oktober 1988 ist die Welt zu Gast in Seoul: Olympische Sommerspiele. Rodenstock ist als Ausrüster der Deutschen Olympiamannschaft beim größten Sportspektakel der Welt mit von der Partie. Die Rodenstock-Brillen sind heiß begehrt bei Topstars wie dem Zehnkämpfer Jürgen Hingsen, dem „Albatros" Michael Groß, der Fechterin Anja Fichtel oder der Tennis-Queen Claudia Kohde-Kilsch. Weil sie bei der Einkleidung nicht persönlich dabei sein können, bekommen der am Fuß verletzte Boris Becker und Olympiasiegerin Steffi Graf ihre Sonnenbrillen zugeschickt. Für Jürgen Hingsen kommt die Sonnenbrille gerade recht. Als er die Wetterprognosen für die Spiele hört, sagt er vergnügt: „Was, sieben Stunden Sonne pro Tag? Da werden wir wenigstens schön braun." Dies in Südkorea auszukosten, hat er sich da allerdings wohl anders vorgestellt. Im 100-Meter-Lauf, der ersten Disziplin des Zehnkampfs, leistet er sich drei Fehlstarts und scheidet aus.

LINKS: Jürgen Hingsen, Olympiateilnehmer im Zehnkampf

DAS WELTGESCHEHEN IM BLICK

In Politik und Wirtschaft ist Rodenstock dauerpräsent – ganz ohne Sponsoring. Und damit auch ohne politische Festlegung. Für Randolf Rodenstock, der das Familienunternehmen bis 2003 in der vierten Generation führte, ist noch heute der junge Helmut Kohl eines der markantesten Rodenstock-Gesichter. Anders als Bundeskanzler Konrad Adenauer, der als überaus eitel und brillenfeindlich galt, kauft Helmut Kohl über viele Jahre sein immer gleiches Rodenstock-Modell beim Optiker seines Vertrauens. „Selbst als es längst aus dem regulären Sortiment verschwunden war, wurde es für ihn weiter gefertigt – mit extra langen Bügeln", erzählt Ludwig Giesecke-Dancker, der das Traditionsgeschäft Dancker in fünfter Generation führt, dem Bonner Generalanzeiger.

Helmut Kohl vertraute auf seine Rodenstock.
©ullstein bild – Ulrich Baumgarten

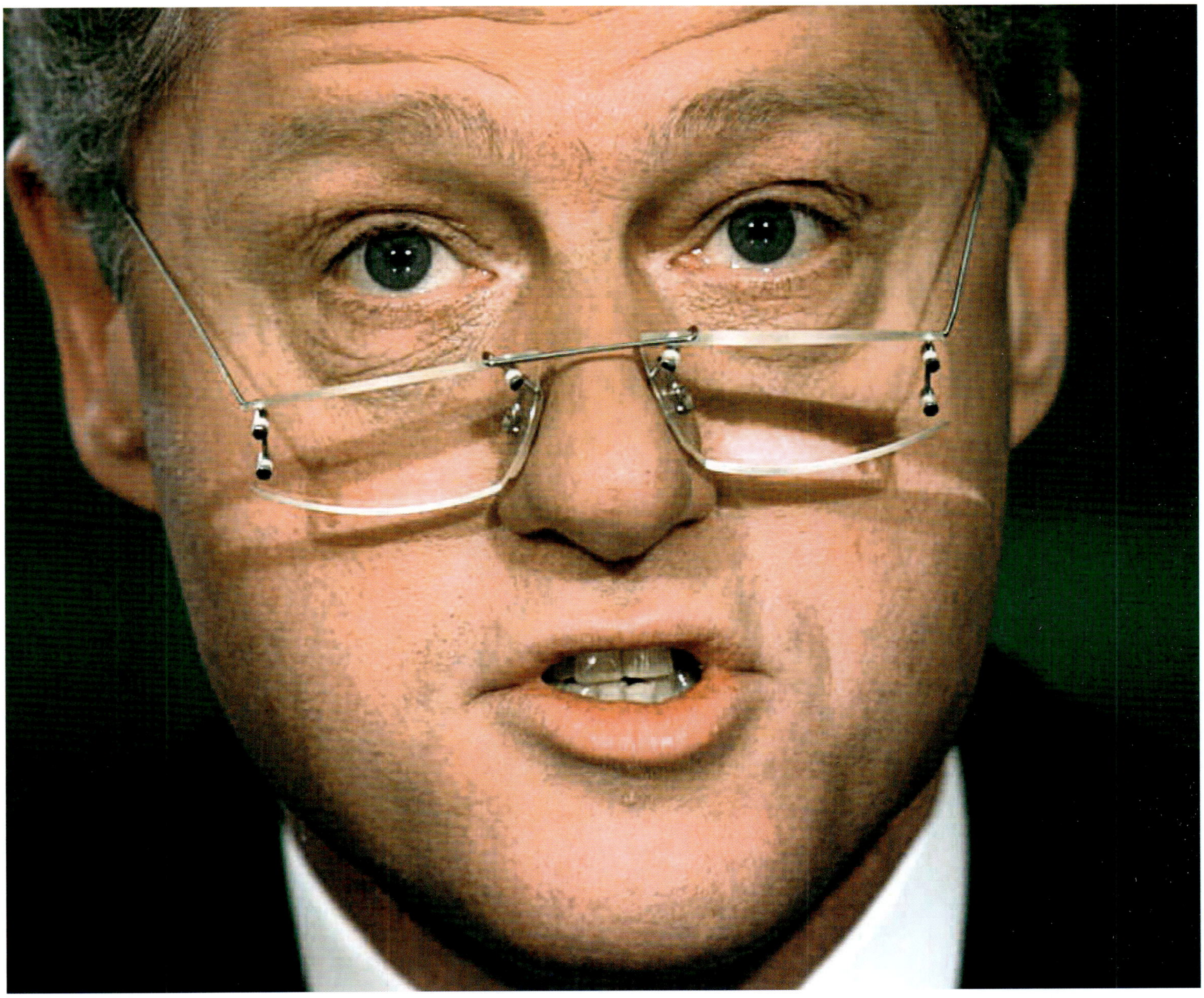

Wie der „Kanzler der Einheit“ setzen auch andere Staatsmänner auf Rodenstock. Dazu zählen beispielsweise Leonid Iljitsch Breschnew, von 1964 bis 1982 sowjetischer Staatschef, die amerikanischen Präsidenten Ronald Reagan und Bill Clinton, der Friedensnobelpreisträger Michail Gorbatschow sowie der frühere Bundespräsident Roman Herzog.

WIR SIND PAPST

Auch Papst Johannes Paul II. ist Besitzer einer Rodenstock-Sonnenbrille. Am 26. Februar 1987 überreicht der Abteilungsleiter der Oberflächenbehandlung bei Rodenstock seiner Heiligkeit bei einer Audienz im Vatikan das Modell Dakota. Der Pontifex, der ein leidenschaftlicher Skifahrer ist, zeigt sich sehr angetan von dem Brillengeschenk aus München und versichert, dass ihm Rodenstock und Rodenstock-Brillen sehr wohl ein Begriff seien.

Im September 2015, fast 30 Jahre später, wählt Papst Franziskus beim Ausflug zum Augenoptiker seines Vertrauens Gleitsichtgläser von Rodenstock, die er sich – sehr kostenbewusst – in seine aktuelle Fassung einsetzen lässt.

„Meine Brille ist für mich wie meine Unterwäsche, ohne sie bin ich nackt!“

Doreen Dietel

Michael Graeter

„Eine Brille ist oft eine Schönheitsnachhilfe ohne den lieben Gott."

Hendrik teNeues

„Ich trage seit Jahren das gleiche Brillenmodell, jedoch andere Gläser. Meine Kurzsichtigkeit hat sich nämlich im Laufe der Jahre reduziert. Zudem brauche ich auch keine Brille zum Lesen. Insofern ist für mich das Thema Brille und Sehen positiv besetzt."

„Für mich bedeutet die Arbeit mit meiner Brille einen schärferen Blick auf die Dinge. Ich kann mich besser fokussieren und mein Geist wird wacher. Die besten Ideen kommen mir damit."

Jessica Kastrop

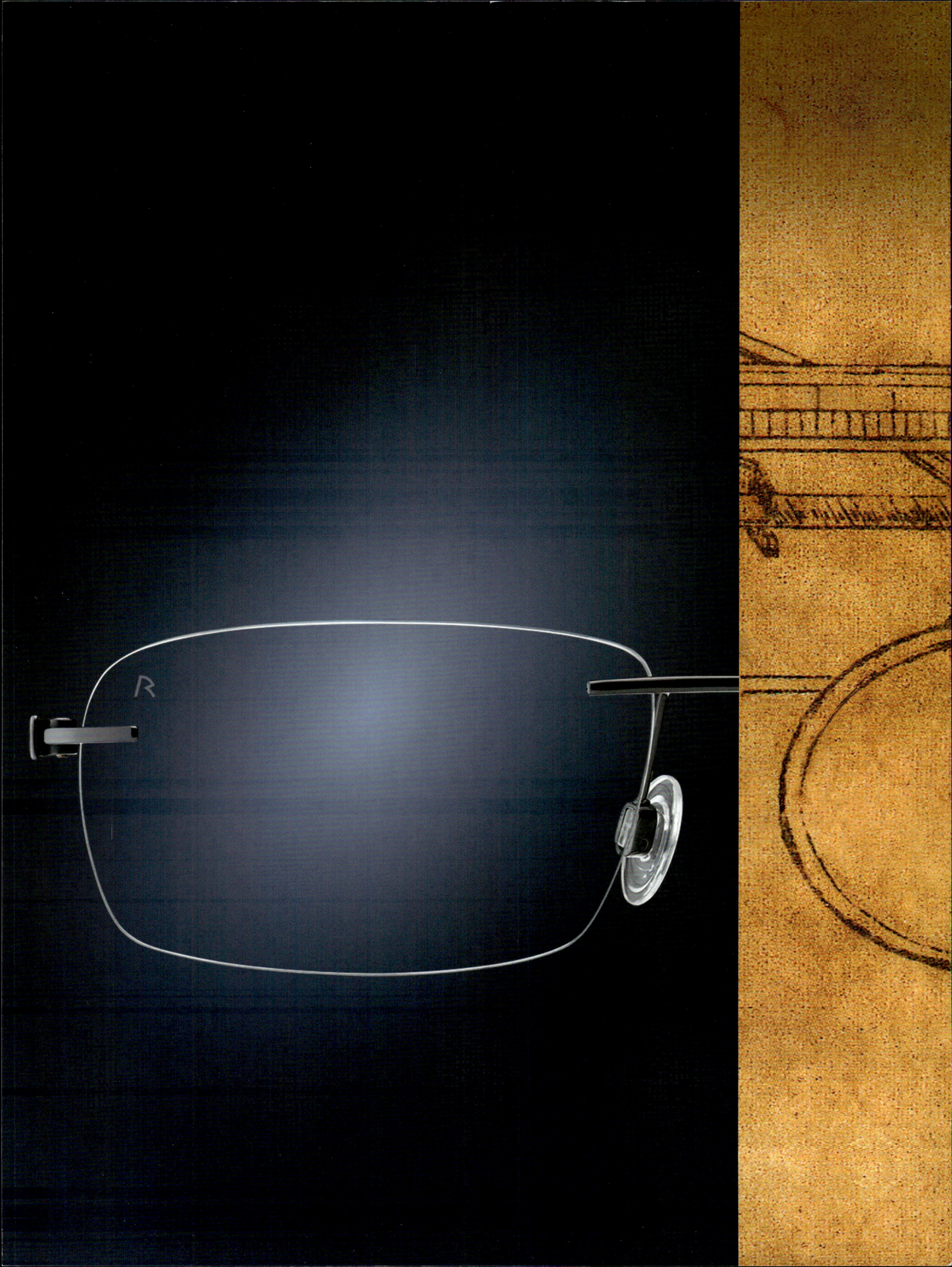

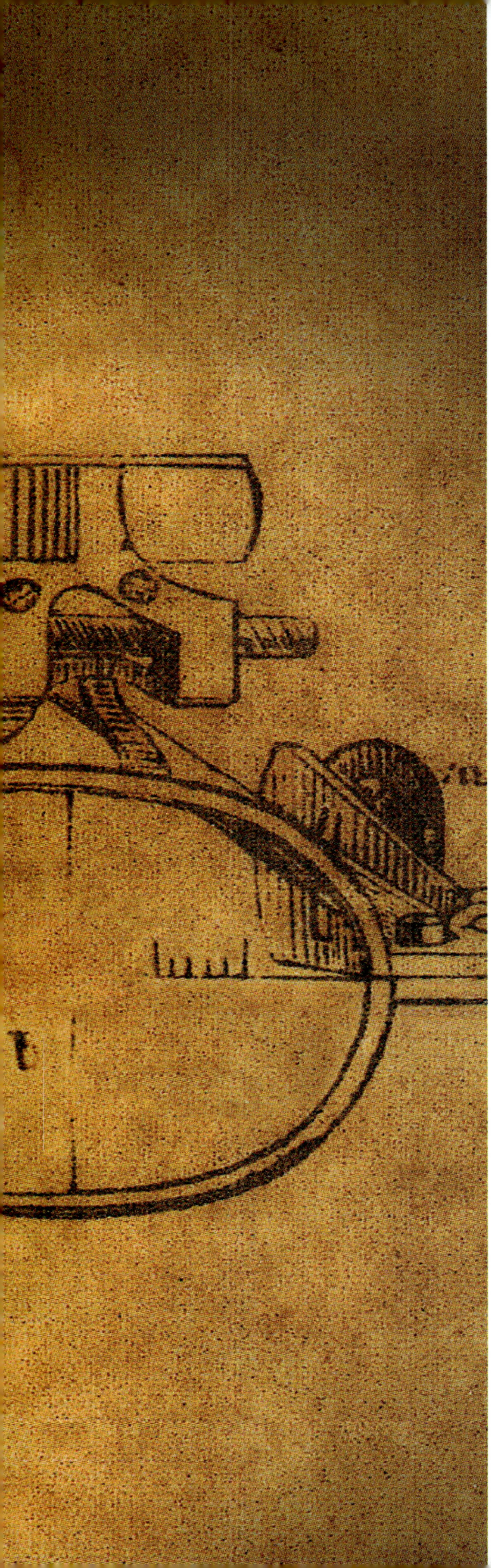

Kapitel 4

PRE VIEW

Noch schnell die Welt verändern

Weltverändernde Erfindungen sind erst im Nachhinein als solche zu erkennen. Denn sogenannte „disruptive“ Innovationen befriedigen Bedürfnisse, die Menschen noch gar nicht formulieren können. Man nennt sie „disruptiv“ (engl. disrupt = unterbrechen, zerreißen), weil ihr Auftauchen ein bestehendes Produkt grundlegend verändert und ihm eine neue Bedeutung gibt. Als der Franzose Claude François Jouffroy d'Abbans 1776 auf einem Boot eine Dampfmaschine installiert und dieses mit beweglichen Klappen antreibt, haben die Zeitgenossen nur ein müdes Lächeln für ihn übrig. Sie sind ja Segel- und Ruderboote gewohnt. Dampfschifffahrt ist da noch ein Hirngespinst. Das nicht Bekannte ist auch nicht begehrlich. Henry Ford, der Begründer der modernen Automobilindustrie, sagt dazu später: „Wenn ich die Menschen gefragt hätte, was sie wollen, hätten sie gesagt: schnellere Pferde.“

Bei Rodenstock ist die Suche nach Innovationen und nach neuen Angeboten zur Befriedigung modischer Bedürfnisse tief in der Unternehmens-DNA verankert. Schon in den Anfängen muss Josef Rodenstock viele Zweifler davon überzeugen, dass erst eine Fassung aus der Sehhilfe eine Brille macht und diese nicht nur eine „Sehhilfe“, sondern durchaus auch ein modisches, persönlichkeitsprägendes Accessoire ist.

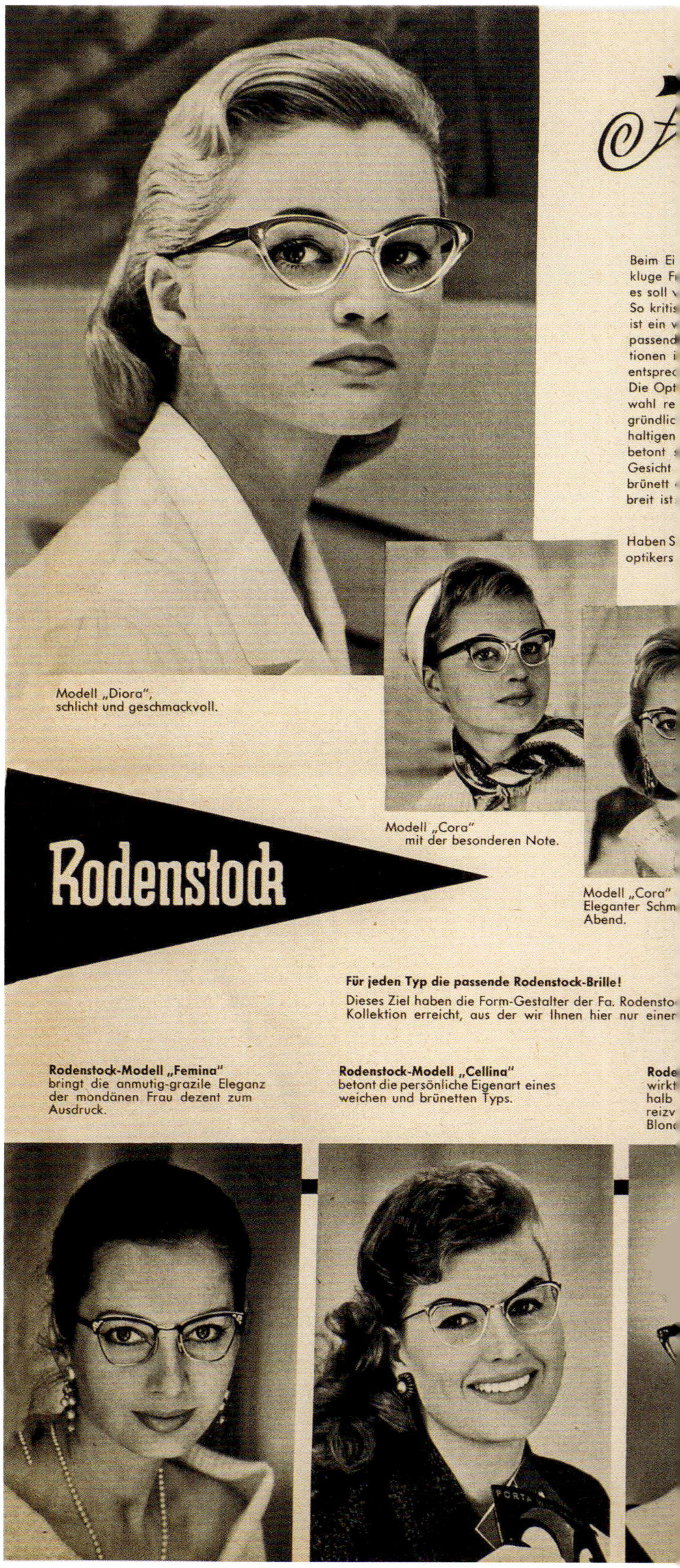

den Typ und zu jeder Gelegenheit die passende **Rodenstock-Brille**

Hüten und allen modischen Accessoires prüft jede
ob es ihr steht". Sie will so schön wie möglich sein,
und ihre persönliche Eigenart unterstreichen.
sollten Sie auch Ihre Brille wählen, denn gerade sie
Ihrer Erscheinung. Sprechende Augen bedürfen einer
wahrsten Sinn des Wortes. Es sind ja so viele Varia-
möglich! Wichtig ist, daß Sie die genau Ihrem Typ

DENSTOCK, München, bieten Ihnen eine große Aus-
lle, die durch jahrzehntelange Erfahrung und nach
zur modernen Vollendung gereift sind. In der reich-
e ebenso dezente und vornehme Ausführungen wie
avagante, mit Schmuck verzierte Formen, die das
n. Ob Sie, sehr verehrte gnädige Frau, dunkelhaarig,
Ihr Teint zart oder dunkel, Ihr Gesicht schmal oder

K bietet für jeden Typ das Richtige!

r Überlegung und nach dem Rat Ihres erfahrenen Fach-
, zu Haar und Augenfarbe passende RODENSTOCK-

Brille ausgewählt, dann halten Sie bitte zufriedene Zwiesprache mit Ihrem neuen, verschönten Spiegelbild, und Sie werden noch eine weitere Entdeckung machen. Sie fragen sich nämlich: „Paßt meine Brille zu dem, was ich anhabe?" Sie tragen doch sicher keine Wollhandschuhe zum Seidenkleid. Genauso wenig ist eine betont sportliche Brillenfassung aus Celluloid für ein graziöses Nachmittags- oder Abendkleid gedacht. Wählen Sie also eine schmiegsame, zarte Form in Golddoublee oder mit Schmuckverarbeitung zur festlichen Kleidung, die Ihnen eine schmeichelnde, weibliche Note gibt.

Die Brille kann Ihr Gesicht wirklich schmücken. Diese Einsicht eröffnet Ihnen viele b e z a u b e r n d e Möglichkeiten der Verwendung.

Betrachten Sie die linksstehenden Bilder etwas näher. Diese Aufnahmen stellen tatsächlich ein und dieselbe Dame dar — nur jeweils mit einer anderen Brille. Eine wirklich gelungene Verwandlung, werden Sie wahrscheinlich zugeben, und Sie müßten nicht Freude an diesem ewig weiblichen Spiel der Verwandlung haben, wenn Sie es nicht selbst ausprobieren würden. Viel Spaß am neuen Spiegelbild! — Ihre Umgebung wird angenehm überrascht und begeistert sein.

Eine gepflegte Frau — und heute kann es sich jede Frau mit wenig Mühe „leisten", zu diesen angenehm auffallenden Erscheinungen zu gehören — weiß genau, was man zu welcher Gelegenheit anzieht und — aufsetzt. Vormittags oder ins Büro nur ein ganz schlichtes Kleid oder eine sportliche Kombination, abends aber ruhig ein wenig festlich und dekolletiert. Unsere hübsche Margot auf den nebenstehenden Bildern ist sich darüber klar, daß das Brillenmodell D i o r a in seiner schlichten und geschmackvollen Ausführung genau die richtige Tagesbrille für sie ist. Abends verwendet sie das Modell C o r a mit hübschem Zierdekor, und zum Wochenendausflug trägt Margot die flotte Sonnenbrille L i d o. Steht sie ihr nicht ausgezeichnet? Wie kleidsam RODENSTOCK-Brillen sind und welche verschiedenen Möglichkeiten auch Ihnen, verehrte Leserin, die große RODENSTOCK-Auswahl bietet, sehen Sie auf den links untenstehenden Bildern. Vergleichen Sie bitte: die Brille paßt nicht nur speziell zum Typ, sondern sie ist auch bewußt abgestimmt auf die Kleidung.

Der Name RODENSTOCK ist bei der Frau von heute — und jede vierte Frau trägt heutzutage mit Charme und Selbstbewußtsein eine Brille — zum Inbegriff modischer Schönheit, geschmackvoller Ausführung und wirklich solider Verarbeitung geworden.

Modell DIORA, die praktische formschöne Brille für Beruf und Haushalt.

Modell CORA, hier mit Zierdekor, ideal zum Nachmittags- und Abendkleid.

Modell Lido, die flotte und elegante Sonnenbrille.

odell „Sorbona",
e interessante Sonnenbrille
r jeden Typ.

Modell „Solista", wirklich formvollendet.

nden vielseitigen
zeigen können.

a"
, halb dunkle,
ng ungemein
lhaarigen und
Gesicht.

Rodenstock-Modell „Diora"
verleiht dem sympathisch-sachlichen Typ ganz persönlichen Charme.

Sehr repräsentativ: Modell Lord.

Elegant für jede Gelegenheit: Sonnenbrillen-Modell Sorbona.

Der Filmschauspieler Carl Möhner, bekannt vor allem durch seinen Erfolgsfilm „Rififi", trägt hier auf unserem Bild das elegante Rodenstock-Modell „Sorbona II".

Auch für den Herrn ist die Wahl der passenden Brille eines reiflichen Überlegens und Prüfens wert. „ER" soll doch von Kopf bis Fuß gut angezogen sein — und bei der Brille fängt es an! Vor allem: der Erfolg im Berufsleben ist von dem sicheren Auftreten und von einem klaren, zuverlässigen Blick aus sympathischen Augen abhängig. Deshalb betrachten auch Sie, verehrter Leser, einmal kritisch Ihr Spiegelbild und stellen Sie sich die Gewissensfrage: „Steht mir meine Brille?" Die Optischen Werke RODENSTOCK halten nämlich auch für Sie eine große und reichhaltige Brillen-Kollektion bereit. Lassen Sie sich von Ihrem Fachoptiker beraten.

Brillenmode trendy inszeniert

SEE BETTER LOOK PERFECT

Seit fast 140 Jahren fertigt Rodenstock Qualitätsbrillen. Auch heute noch wird jedes Brillendesign per Hand entworfen und entwickelt – vom Schraffieren eines Entwurfes bis zum Feilen des Prototypen im Musterbau. Ein Luxus, den sich nur wenige Hersteller auf der Welt heute noch leisten. So fließen in den Bau des Prototypen 135 Arbeitsschritte ein, dabei über 85 Prozent per Hand. Diese jahrzehntelange Expertise im Zusammenspiel von Glas und Fassung zeigt sich in jeder einzelnen Brille.

Fassungsdesign ist die eine Seite – Glastechnologie ist die andere. So begründen getönte Gläser „zur Vorbeugung von Lichtschäden im täglichen Leben“ bei Rodenstock seit der ersten Dekade des 20. Jahrhunderts Sonnenbrillen-Geschichte. Fototrope Colormatic-Gläser, die „automatisch“ auf wechselnde Lichtverhältnisse reagieren, sind heute technologische Selbstverständlichkeit.

Auch die Idee zur R8010 mit Wechselbügeln ohne Scharnier stammt aus dem Hause Rodenstock.

WO NICHTS UNMÖGLICH IST: DIE RODENSTOCK MANUFAKTUR

Ob die korrektionsverglaste Taucherbrille, Brillen speziell für einzelne Berufsgruppen, Gläser für extreme Sichtprobleme oder die auf ein außergewöhnliches Outfit perfekt abgestimmte Fassung: Wo selbst High-Tech-Maschinen an ihre Grenzen stoßen, werden bei Rodenstock individuelle Sonderanfertigungen in Handarbeit ausgeführt.

Wer seinen eigenen Style kultivieren möchte, stimmt die Glasfärbung exakt auf seine modischen Accessoires oder den Anlass ab. In der hauseigenen Rodenstock Manufaktur im Engineering Center im bayrischen Regen werden solche Sonderanfertigungen, zu denen die Kunden Farbproben, etwa von einem Ballkleid, einer Krawatte oder einem Einstecktuch, mitschicken, noch in Handarbeit erstellt. Absolut individuell und diskret – das Geheimnis ihres Brillenunikats wollen die deswegen auch hier ungenannten Mode-Zaren, Schauspieler, Künstler und Bonvivants dann doch nicht teilen.

Nichts ist unmöglich: Ob Brillen für extreme Kurz- oder Weitsichtigkeiten bis +/- 40 dpt oder Spezialanfertigungen für bestimmte Berufsgruppen – was Maschinen nicht leisten können, wird in der Rodenstock Manufaktur in reiner Handarbeit ausgeführt. Auf diese Weise kann auf spezielle Bedürfnisse der Berufsfelder eingegangen werden, beispielsweise auf Handwerker, die über Kopf arbeiten oder Piloten, die auch Instrumente im oberen Bereich der Cockpits gut erkennen müssen. Sogar Taucherbrillen können korrektionsverglast werden. Auch die Herstellung optischer Liebhaberstücke wir Lorgnetten oder Monokel gehört zu den Fingerübungen der Manufaktur.

In einer hauseigenen Brillen-Manufaktur im Rodenstock Engineering Center im bayerischen Regen werden Brillen für spezielle Ansprüche handgefertigt.

Credits: Stefan Dongus @ Eyewear Magazine

QUERDENKEN: DIE BRILLE IST (K)EINE BRILLE

Gemeinsam mit Porsche Design wirft Rodenstock 2013 einen Blick in die Zukunft der Sonnenbrille. Zur „Iconics"-Serie gehören Brillen, die das Zusammenspiel von Form und Funktion komplett neu interpretieren. Die Brille wird dabei zum hybriden Luxusaccessoire. Zum Beispiel: das Hairband. Diese Designstudie vereint ein Haarband mit einer puristischen Sonnenbrille.

Möglich macht dies ein innovativer, unsichtbarer Klappmechanismus, der das Haarband im Bruchteil einer Sekunde in eine Sonnenbrille verwandelt und mit einer Handbewegung wieder zusammenklappen lässt. Im Münchner Musterbau gefertigt, verkörpert das Porsche Design Hairband „Engineered Luxury" in Reinform – die Produktion ist aufwändig und die Materialien exklusiv, die Auflagen sind streng limitiert und nicht im Handel erhältlich.

BRILLE 4.0: FASHION ON DEMAND

Ob technische Finesse und Brillenmode mit einem hohen individuellen und exklusiven Anspruch wie bisher ausschließlich über Massenfertigung erschwinglich produziert werden kann, wird sich zeigen. „Disruptive“ Technologien verändern mittlerweile nahezu alle Gestaltungs- und Produktionsbereiche. In der sogenannten Industrie 4.0 sind alle Prozesse umfassend vernetzt und auf Optimierung und Effizienz ausgesteuert. So erlaubt die Digitalisierung heute auch in der Brillen-Fashion bereits additive Fertigungen, die vor wenigen Jahren noch gar nicht denkbar schienen. Die „Brille 4.0“ gerät fashion-like zum Beispiel mit Thermoplastiken aus dem 3-D-Drucker, die das Zusammenspiel von Fassung, Glas, Design und Mechanik neu definieren. Fertigung und damit Fashion „on demand“ – exakt nach den Wünschen jedes einzelnen Kunden – ist schon jetzt zum Greifen nahe. Die Zukunft klingt verheißungsvoll: Nie war mehr Mode möglich.

0101010101010101010101

IMPRESSUM

Texte: Marcus Schick in Zusammenarbeit mit Rodenstock
Design & Layout: Martin Graf, teNeues Media
Redaktionelle Betreuung: Regina Denk und Inga Wortmann, teNeues Media
Korrektorat: Pit Pauen, teNeues Media
Bildbearbeitung & Proofs: Jens Grundei, teNeues Media
Herstellung: Nele Jansen, teNeues Media

www.teneues.com
ISBN 978-3-8327-3513-5
Printed in Italy

Bibliografische Information der Deutschen Nationalbibliothek. Die Deutsche Nationalbibliothek verzeichnet diese Publikation in der Deutschen Nationalbibliografie; detaillierte bibliografische Daten sind im Internet über http://dnb.dnb.de abrufbar.

Published by teNeues Publishing Group

teNeues Media GmbH & Co. KG
Am Selder 37, 47906 Kempen, Germany
Phone: +49-(0)2152-916-0
Fax: +49-(0)2152-916-111
e-mail: books@teneues.com

Press department: Andrea Rehn
Phone: +49-(0)2152-916-202
e-mail: arehn@teneues.com

teNeues Publishing Company
7 West 18th Street, New York, NY 10011, USA
Phone: +1-212-627-9090
Fax: +1-212-627-9511

teNeues Publishing UK Ltd.
12 Ferndene Road, London SE24 0AQ, UK
Phone: +44-(0)20-3542-8997

teNeues France S.A.R.L.
39, rue des Billets, 18250 Henrichemont, France
Phone: +33-(0)2-4826-9348
Fax: +33-(0)1-7072-3482

FSC www.fsc.org
MIX
Paper from responsible sources
FSC® C084761

teNeues Publishing Group
Kempen
Berlin
London
Munich
New York
Paris

teNeues